牛娃养成宝典

0—6岁婴幼儿自我成长
初步养成与问题规避

刘斯朗　桥桥　李根◎著

九州出版社
JIUZHOUPRESS

图书在版编目（CIP）数据

牛娃养成宝典：0-6岁婴幼儿自我成长初步养成与问题规避 / 刘斯朗，桥桥，李根著. —北京：九州出版社，2021.4
ISBN 978-7-5225-0004-1

Ⅰ.①牛… Ⅱ.①刘… ②桥… ③李… Ⅲ.①幼儿—习惯性—能力培养—研究 Ⅳ.①B844.12

中国版本图书馆CIP数据核字（2021）第057109号

牛娃养成宝典：0-6岁婴幼儿自我成长初步养成与问题规避

作　　者	刘斯朗　桥　桥　李　根　著
出版发行	九州出版社
地　　址	北京市西城区阜外大街甲35号（100037）
发行电话	（010）68992190/3/5/6
网　　址	www.jiuzhoupress.com
电子信箱	jiuzhou@jiuzhoupress.com
印　　刷	天津中印联印务有限公司
开　　本	710毫米×1000毫米　16开
印　　张	18.5
字　　数	263千字
版　　次	2021年5月第1版
印　　次	2021年5月第1次印刷
书　　号	ISBN 978-7-5225-0004-1
定　　价	68.00元

序　言
成长没有彩排，教育无法从头再来

对孩子的教育该从什么时候开始？

是从上幼儿园还是上小学开始教？

从懂事开始教，

还是从出生第一天起就开始教？

安全感与自信是孩子成长的基础，

安全感从什么时候开始铺垫？怎么铺垫？

自信从什么时候开始培养？怎样培养？

上小学之前的教育，

是提前认更多的字、背诵更多的东西，还是做好幼小衔接的知识储备，

抑或铺垫良好的综合素质基础与素养习惯？

对于少不更事的孩子怎么教育？

是等他们逐步懂事了，讲道理来教，

是制定规矩严格实施来教，

还是用爱呵护良好的安全感与自信？

父母在做各种熏陶引导中是否应该逐渐放手？

孩子的优秀能否定制？

孩子的出色能否规划？

孩子的卓越能否早培？

综合能力强与各方表现优秀的牛娃能否培养？

——对于以上这些涉及孩子成长与教育的最基本、最迫切的问题，父母若有了正确答案，并做好了充足的应对准备，那么，孩子一般有可能成为各方面素养都不错的"牛娃"，相对更易拥有卓越而成功的一生。

而对于更多准备不足的父母来说，他们恐怕很难抓住孩子成长的关键期和敏感期，比如 0~3 岁内在素养习惯的最佳铺垫期、3~6 岁素养习惯的强化期等，往往到孩子在小学阶段专注力不足、成绩不理想时才开始重视，甚至到了中学阶段才发现问题的严重性，而此时已经错过最佳的培养期，孩子已经越来越难以改变，各种不良的成长现象层出不穷，父母除了失望、懊悔与麻木，只能听天由命了。

如果父母帮孩子从 0 岁起铺垫良好的安全感与自信，并在此基础上对其性情、思维等方面进行良好的熏陶引导，配以足够的关注与奖罚制度，孩子往往能够比较容易拥有良好的素养，形成良好的习惯，积蓄足够的成长动力。

一如瓜果种植，经验丰富的农夫与一知半解的农夫，二者在秋天的收获必定差别很大。更何况孩子的成长是一个极其复杂的过程，耗时十余年，成功与否绝非先天遗传决定那么简单。

我们并非刻意追求让孩子成为卓越的牛娃，但我们致力于打造建立在良好综合素质基础上的健康成长。遵循自我成长的教育理念，不难发现：用心的父母在无意间就轻松培养出了他人眼中综合素养良好、各方面能力突出的牛娃。

教育并非强求孩子实现优秀与卓越，但教育的底线是尽可能规避成长中的问题，大到违法犯罪、自残自杀等，小到注意力缺失、行为举止失度等。每位父母和教育工作者都应该心怀"教育质量终身责任制"的责任感……

成长无法彩排，教育无法再来。每个孩子都是独一无二的宝贵存在，为人父母者必须远远超越农夫知晓瓜果成长规律那样懂得孩子的身心成长规律，并在此基础上做好成长铺垫、杜绝成长伤害，为孩子的健康成长尽最大的努力。

我们认为，最理想的状态应该是教师需在高考优选后进入大学，经数年专业学习及一系列专业培训才能上岗；机构的新员工需要在通过考核后进行严格培训才能上班；而对于传承人类未来全部希望的新生命，面对尚未得以特别重视但又极其重要的儿童启蒙教育，比盲目瓜农经验更少的新手父母任重而道远。

有鉴于此，我们几位从事教育学、心理学或其他相关专业的为人父母者，根据多年对众多孩子的成长观察，综合众多自我奋斗成功人士的心路历程，结合诸多优秀父母、普通父母，以及失败父母的经验与教训，参考国内外相关教育学、心理学理论，撰写了一套具有实操指导意义的"自我成长教育"系列丛书。

"自我成长教育"主要致力于孩子0~18岁素养习惯与综合素质的养成铺垫，与目前其他素质教育的区别在于更多强调素养习惯与素质的养成教育，以及建立在成长养成理论基础上的成长强化与纠偏。

"自我成长教育"课题组通过大量的孩子成长调研发现，按照自我成长理念培养的孩子更加容易获得良好的安全感与自信，能够更好地实现自主独立与思维、阅读等综合习惯与能力的铺垫，按照自我成长教育优性循环培养出的孩子能够比较容易地成为他人眼中各方面出色的牛娃。有鉴于此，我们把研究成果分为"牛娃养成""牛娃强化""牛娃发展"三个不同成长阶段进行阐述。

课题组提出了"自我成长""0岁教育""安全感敏感期""自信敏感期""成长优性循环"等概念，并对家庭熏陶引导对成长的作用，成长规则、成长动力的铺垫以及成长养成、强化与纠偏等问题进行了系统分析，对家教理论与实操指导有很好的指导意义。

本书为"自我成长家庭教育"系列丛书的第一部《牛娃养成宝典——0~6岁婴幼儿自我成长初步养成与问题规避》，后续的《牛娃强化宝典——小学阶段自我成长强化与问题纠偏》《牛娃发展宝典——中学阶段自我成长与发展》等分册将陆续推出。

但愿，我们这套自我成长教育的理论与方法能够给万千父母带来福音，助力孩子们实现自我成长，助力卓越宝贝的炼成。

本书适合为人父母者以及家中长辈结合孩子成长过程中遇到各种问题随时翻阅参考，亦适合准父母提前学习。

孩子的成长是一个极其复杂的过程，书中所涉理念与方法难免因一己之见而存在不足，我们诚挚地期待您的宝贵意见，为自我成长教育理念的丰富与提升群策群力，以便造福更多孩子，造福更多家庭。

——谨此，献给全天下深爱孩子的父母、家长与老师们。

"自我成长教育"课题组

2020年11月2日于湖南师范大学静心书斋

目 录

第五章　婴幼儿阶段成长动力铺垫

第六章　婴幼儿阶段成长问题的规避

第一章
自我成长教育理念、原则与方法

在本书征求意见阶段，不少读者在问：婴幼儿哪来的自我成长能力？婴幼儿阶段的自我成长养成不就是个噱头吗？

其实，新生儿的自主吮奶、独自睡觉（过度依赖的婴儿必须抱着睡），5月龄的孩子自主抓吃，8月龄起要求折腾着自穿衣服，10月龄要求爬行，1岁时推开父母的手尝试独立行走，2岁时从父母怀中挣脱坚持自己尝试奔跑，3岁进幼儿园时要求自己背上小书包，4岁时热心地提出要帮妈妈做家务，5岁时要爸爸把自行车的辅助轮拆去，6岁时强烈要求上台表演展示才艺……从出生的那一刻起，孩子一直在展现与年龄对应的自主能力，都在努力实现自我成长。

而这些，不仅仅是现象，更是引导孩子健康成长的重要依据。

婴幼儿时期是人生第一个阶段，是孩子最"无能"、最不懂事的阶段，也是最弱小、最依赖人的阶段。

然而，孩子从 0 岁起建立的安全感与自信深度影响着他们 3 岁前的成长，而 3 岁的成长则深刻影响甚至决定了一生的成长，6 岁的成长更是决定他们一生的质量和水准。

就如熟知种子成长规律的农夫更易培养出苗壮的幼苗，深谙系统成长理念的父母更易培养出优秀的孩子。毫无章法或人云亦云式的育儿，不仅可能令孩子错失诸多成长良机，更容易埋下种种隐患，甚至把孩子扭曲成一个与社会格格不入的叛逆者或失败者。

成长是个复杂的过程，在迎接孩子出生前，为人父母者很有必要了解并学习一些与孩子成长相关的内容，从 0 岁起就开始引导孩子树立安全感与自信，让他们一生的成长都获益良多。

一、自我成长教育的背景与使命

1. 中国家庭教育的卓越与现实迷惘

从公元前 5 世纪的春秋战国至 20 世纪初的清王朝结束，中国教育体系都是以私塾教育为主，即以家庭式教育为主要教育形式，家庭教育在中国源远流长。

从《论语》开始，到之后的《孝经》《三字经》《弟子规》《二十四孝》《庞氏家训》等，中国历朝历代涉及家庭教育方面的学说著作可谓汗牛充栋。可以说，整个封建王朝时代，人们基本都是依照孔子的儒家思想对孩子进行教育，强调从小就开始进行孝道、德育的塑造。虽说儒家思想中难免存有君臣父子、重男轻女这样相对落后的等级和性别歧视观念，但相比于同期世界其他国家的教育理念已是相当卓越了——这正是孔子在国际教育界备受尊崇的原因所在。

进入 20 世纪，旧有家庭教育体制被摒弃，但新的家庭教育理念与体系一直未能得以完备，与此同时，国外教育学、心理学发展则突飞猛进，中国家庭教育理念与世界主流学说已有较大的差距。

在陈旧观念逐渐退出而新理念尚未完全构建的大背景下，当今中国家长对素质教育的要求已明显淡化。伴随社会竞争压力的加大，急功近利的教育乱象愈发严重，"育能"成为教育的主体，"育心"已被明显弱化。尤其在独生子女纷纷为人父母的时代，由于传统文化的断层与淡化，使得传统素质教育已弱化到了历史新低。要不要强化家庭教育、怎么摆正家庭教育与学分教育的关系、怎么做好家庭教育与素质教育的最佳结合等问题，已成为众多家长与教育工作者们最为关注又颇为迷惘的问题。

2. 父母教育与成长教育缺失的代价

与教师需要进行系统学习与严格考核形成鲜明对比的是，作为孩子成长教育最初实施人的父母，关于"养"与"育"的技能与相关知识几乎都是靠零星的经验拼凑起来的，有的甚至完全处于空白状态。父母对孩子该怎么"养"尚可依据现代营养学、医学理论进行操作，但对于该怎么"育"的问题则缺乏专业系统的依据，太多父母把"将孩子喂养长大＋文明礼貌＋智力提升"视作家庭教育的全部，而对于0岁起必须为孩子铺垫好的安全感、自信与综合素养等理念毫无认知，甚至将教育的权杖全部交由学校或教学机构，自己反而成了甩手掌柜，导致孩子错失了诸多成长的良机。

现实生活中，因早期素养教育缺失而导致的成长问题越来越多，家长往往只注重孩子在学业方面的成才，而忽视综合素质的培养，价值观构建缺失，一些处于青春期的孩子变得越发叛逆，抗打击能力偏差，往往细小的挫折就可导致他们自暴自弃，甚至走向自我了断的绝路，令人无限唏嘘。因成长教育缺失或不足导致的后果很可能是无法补救的。

3. 从"不教而教"到"自我成长教育"

《吕氏春秋·君守》云"不教之教，无言之诏"，苏联著名教育家苏霍姆林斯基认为"只有能够激发学生去进行自我教育的教育，才是真正的教育"；我国著名教育家叶圣陶先生曾言"凡为教，最终目的都在于达到不需要教"。可见，教育的最高境界在于激发个人自我潜能，通过自主努力而实现自我成长教育。

通过良好熏陶和引导，帮助孩子铺垫自我成长机制并激发其自我成长的能力，才是实现了真正的成长教育。与此同时，自我激励、自主成长、自主发展、自主学习、自我上进等，无不是自我成长教育的精髓之所在。

古今中外，各行各业的伟人、名人、成功人士通过自我努力、自我激励、自我学习实现自我成长、自主成才的案例数不胜数，莎士比亚、孔子、老子，到恩格斯、爱迪生、诺贝尔、达·芬奇、丘吉尔……据统计，杰出的科学家只有 10% 是老师教出来的，其余 90% 都是自学的。我们走访过很多北大、清华的优秀学子，调研了不少卓越学者与成功人士的成长过程与背景，他们中的大部分人也是通过自我努力、自我学习、自我教育、自我主导、自我成长而成就人生的。

自我成长教育，是顺应成长心理、符合成长规律、反映成长真谛的教育。对应的成才教育与成功教育，是建立在良好的成长教育基础上的学校教育与社会教育的主体核心。

4. 人生三部曲：成长—成才—成功

一般来说（特别是对当今的中国教育），成长是内在素质的培养，是素质教育与家庭教育的核心，是必须做好的成长铺垫；成才是知识技能积累与智力提升，是学校教育的首要任务；成功是走入社会后自我努力实现并达到的目标。

而当下的现实是，成功已成为众多家长培养、教育孩子的直接目标。从幼儿园小学化到小学的课外培训班、强化班，再到中学单独辟出重点班、培优班，中国的孩子从幼儿园阶段就被绑在了考分的战车上，进行着长达十几年毫不松懈的努力；而对于素质、素养与其他兴趣爱好的培养，家长们大多持无所谓的态度，甚至认为体育锻炼都是浪费时间，更不要提让孩子分担力所能及的家务，学习待人接物的礼仪常识。可以这样讲，相当一部分家长对孩子身心健康和综合素质的培养几乎到了漠视的程度。

于是，是否成长为学霸成为衡量教育是否成功的唯一标准。为了考分而昏天暗地补课的孩子比比皆是，"无班一身轻"的学生则被视为不求上进的反面典型。家长们对孩子的身心健康、三观建设、体能素质、意志品德等素养方面的培养几乎视而不见，导致越来越多的问题青少年涌现，人间惨剧层出不穷，越发成为影响当今社会发展的痛点。

一年之计在于春，一天之计在于晨，一生之计在于幼。婴幼儿阶段没有得到良好的成长便难有学龄时代的茁壮，更谈不上日后成为栋梁之材。人生三部曲应该按部就班：婴幼儿阶段的成长（家庭）、学生阶段的成才（学校）、成年后的成功（社会）。

孩子的素养炼成与身心成长在婴幼儿阶段（6岁前）已基本形成，可见，家庭教育在该时期的重要性，几乎决定了孩子身心素养的基础；而学龄时期学校教师的功能主要是向孩子传授灌输知识与学问，不可能将过多的精力投放在关注孩子的身心成长方面，若指望到那时由老师去引导孩子成长，显然已错过了最佳成长期。事实上，学校教师几乎很难给予孩子在学识和身心两方面同等的关注和指导，对于在心理、情商等方面存在问题的孩子，他们几乎是束手无策的。

众所周知，在身心方面缺乏良好素养的人到了成年阶段几乎很难成功，这样的个案在现实生活中比比皆是。成功的前提是成长＋成才，但决定成功的首要因素毫无疑问是良好的成长。

家庭教育的核心是为孩子的成长做足铺垫。倘若无视婴幼儿阶段的成长，日后再想弥补难度极大；好比一座摩天大楼，若不搭好打牢地基，再宏伟的外形也是豆腐渣工程，难以经历时间和风雨的考验。

没有成长，难以成才；没有成长，无法成功！

5. 0岁起的逐步自主

婴幼儿是否需要自主？婴幼儿是否能够自主？

孩子从出生的一刻即开启了对应能力下的自主，如第一口自主吮奶（不放手吮奶不利于心肺功能、口嘴功能等方面的发展）、第一次独自躺在小床上睡觉（父母抱睡易造成过度依赖）等。与能力对应的自主行为是与生俱来的，为人父母者应该善加利用这些行为，并予以正确引导。

从呱呱落地后的自主吮吸，1—2月龄的自主吮吸，半岁迫切地要求自己吃饭，1岁强烈地要求独立行走，2~3岁强烈要求按照自己的意愿行事，5~6岁能独自做事时一定要独立完成，到青春期因自主被干扰而表现出强烈的抵

Chapter 1

触情绪……人类终其一生都在发自内心地追求自主。自主是人类的本性追求。

为数不少的为人父母者和教育工作者认为孩子要到初、高中阶段才开始形成独立意识，届时可以逐步尊重孩子的意愿，而在此之前需要对孩子进行严格的管控。正是这种不放手、难放心的心态和做法，造就了孩子内心深处的逆反与消极，导致原本自然的成长路径遭到破坏。

从 3—6 月龄能表达自己的意愿起，若遇父母不尊重他们的意愿，孩子便会通过情绪强烈地表示自己的不满。此时，父母切勿急于打断并阻止孩子，而应该搞清他们情绪波动的原因，尽量尊重孩子的自主本性。无论玩耍还是做事，无论听故事还是静心看书，无论整理玩具还是帮妈妈做家务，对孩子来说，正面、积极、主动的内动力无疑是大有裨益的——这就是尊重孩子自主成长的效果。

充分自主的孩子，不仅自我意识、自主能力会大幅提升，也会很主动地模仿父母的一言一行，在理念上必定会与父母的逐渐吻合，会更愿意亲近、信任父母，并与之交心，通过充分的沟通化解自己的心结或苦恼，成长过程中形成叛逆的机会和程度会大幅下降，使成长之路变得更为平坦。

此外，自主性会促进孩子独立思维的形成。

所以，身为父母应该学会放手，在孩子力所能及的范围内尽量尊重他们的主观能动性，引导孩子自主，鼓励孩子自主，帮助孩子蓄积足够的自我成长动力，这是自我成长教育的核心所在。

6. 用自我成长教育打造现代家庭教育新模式

从 0 岁起为铺垫孩子良好的素养与习惯，在抚养的同时锻炼他们的综合素质，鼓励并引导孩子独立自主，是自我成长教育的根本，也是家庭教育的核心。

新时代下，用自我成长教育打造家庭教育新模式，将造福万户千家。

二、自我成长教育基本原理

健康与强健的体魄无疑是孩子成长的生理根基，鉴于传统育儿理论对这部分内容已有丰富的经验和介绍，而与之相关的营养学、运动学、医学等专题、著作也很普及，故本书对这部分内容不再进行赘述与探讨。

1. 自我成长教育相关概念

自我成长教育是一种成长新理念，为更好地表达观点，在传统概念的基础上增加了新理念，现将相关内容进行简述。

❧ 自我成长 ❧

所谓自我成长，就是在孩子基本具备相应能力的基础上，充分尊重孩子的意愿，尽量放手让孩子独立自主，充分调动孩子内在的积极性，打造其自我导向、自我上进、自我努力的成长方式。

自我成长是充分尊重孩子，充分让孩子自我做主的成长模式，是符合孩子身心成长客观规律的成长方式。

❧ 自我成长教育 ❧

所谓自我成长教育，就是顺应孩子自我成长的心理规律，从孩子0岁起，在抚养的同时对孩子的安全感与自信进行良好铺垫，在此基础上，通过熏陶、引导等方式帮助孩子培养良好的素养与习惯，同时做好不同成长阶段所对应的独立自主，尽量调动孩子内在成长的积极性，尽可能令其实现不同成长阶段的自我主导与自我努力，使成长进入优性循环，对孩子进行"不教而教"的自我成长教育，铸就孩子的卓越成长。

❧ 0 岁成长 ❧

所谓 0 岁成长，就是从孩子出生起，在日常抚养事务中对孩子的安全感与自信进行良好塑造，并在此基础上逐步培养孩子良好的素养和习惯，以此开启良好的自我成长模式。

❧ 素 养 ❧

素养是指由模仿学习、训练和实践而获得的个性特征、心理能力与品格修养。

素养可分为基础素养、自律素养、待人素养三部分。其中，基础素养是个体内在最基本的心理能力，包括安全感与自信。

自律素养是指个体内在具有的自我心理约束能力，主要包括自主独立，勇敢坚强，性格、脾气与耐心，自律自强自尊，积极上进，责任担当，勤劳吃苦，严谨认真与谦虚自省，恒心毅力，专心专注，条理思维等方面。

待人素养是指个体对待他人具有的道德能力，主要包括爱心善良、热情礼貌、诚信、遵规守诺等方面。

❧ 习 惯 ❧

习惯是积久养成的生活与行为方式，是日常生活中规律性、重复性的行为表现。

习惯是自主基础上的行为惯性，没有自主的行为只是完成任务或应付，只有成为发自内心的、自然而然的自主惯性行为才能成为习惯。

自我成长教育将日常生活行为分为吃、睡、玩、说、行、处、读、思、学、劳等十个方面进行探讨，相应习惯也从这十个方面进行论述。

❧ 安全感 ❧

安全感是渴望稳定、安全的心理需求，是一个人对自身安全与成长的心理需求，即通俗意义上的不担心、不害怕、心里踏实。

安全感是个人内在的精神需求，是一个人成长的心理基础，没有良好的安全感就不可能有足够的自信，缺乏安全感与自信，孩子就难以形成良好的身心成长。

安全感是纯粹的个体生理感觉，故安全感的准确定义应为生理安全感。自我成长教育中讨论的安全感即是生理安全感。

由于人具有社会化属性，随着成长的复杂化，个体的安全感逐渐从追求生理安全感升格为追求社会安全感（归属感），但生理安全感永远是基础。

自我成长教育理论认为，安全感（生理安全感）在胎儿期已初步养成，在生产过程与出生后应尽量避免伤害，这种安全感会在父母的呵护中得到强化和升华。

安心、静心、双目炯炯有神是新生儿感到良好安全感的最初表现。

❧ 自 信 ❧

自信是指对自身能力发自内心的肯定与相信，是一种内在心理的积极态度，是"我能行"的坚信。

自信不是自大与自负，没有自信的人是软弱的、畏缩的、低能低效的。

安全感和自信共同组成了健康成长的心理基础。

自信包括初始自信（生理自信）、能力自信、情感自信、社会自信等，初始自信从出生起在安全感与爱的基础上同步衍生。

新生儿爽朗的笑与洪亮的咿呀声是孩子早期良好自信的表现。

本书讨论的婴幼儿安全感就是这种初始的自信。初始自信来自孩子的原生家庭，是孩子发自内心的自信。

孩子的自信在出生后与安全感伴生发展，父母的爱与认可是重要催化剂，在之后的自主活动（含吮手、自己吃饭、自己行走等）、游戏、玩乐、言语交流发展中得以同步强化。

❧ 归属感 ❧

归属感是指个体与所属群体或社会之间的一种内在联系，是某一个人对特定群体（如家庭、幼儿园）及其从属关系认同和维系的心理表现与心理需

Chapter 1

求，是感觉自己被集体（如家庭、幼儿园、国家社会等）认可与接受，是反映个体在集体中的融入与被接纳。

归属感是个体对集体、社会的安全感，是社会化的安全感，是安全感的高级表现形式，是社会化认可接纳的需求与追求。

接纳与喜欢是归属感的重要前提与衡量标准。

归属感追求是一个人自主追求、自主努力的巨大动力。

婴幼儿的归属感追求就是为了妈妈（或爸爸）的笑容与喜欢而努力做到乖乖的、好好的、优秀的、能干的。

归属感追求是孩子自我上进的根基。

❧　成长规则　❧

成长规则是指社会集体或他人（如父母、老师等）对个体言行举止与成长的良好愿望与要求，是希望每个人都能发自内心遵守的良好规则。

成长规则包括社会道德、为人处世原则、个人素养素质、社会法律制度等方面。

成长规则是外在社会规则被个体认可接受、内在化（内化），并在自主习惯中自然表现转化成个人素养。

成长规则铺垫是素养养成的前提，良好的成长规则（如文明社会规则）塑造良好素养，不好的成长规则（如黑帮规则）形成不好的素养。

成长规则一般通过熏陶引导、讲述故事、观看影视动画、阐述道理等方式获取（阐述道理就是通常意义上的父母、师长对孩子的教育）。

❧　成长规则内化　❧

成长规则内化是指社会集体对个体成长规则内在化（内化）成为个人内在素养的过程，成长规则在自主习惯中内化是素养养成的必然过程（否则社会规则永远只是外在要求，而不会成为个人内在素养，如讲礼貌、懂尊重的社会规则内化后成为个人待人接物的基本素养），外在社会规则转化为个人内在素养是成长教育的重要手段，内化后在自主行为中自然而然表现出来的就是素养。

❧ 成长动力 ❧

成长动力是指一个人成长的驱动力，成长动力包括内在成长动力与外在成长动力。

内在成长动力包括自信、自尊、兴趣、理想和梦想、归属感和价值感追求、内在生理需求满足等方面。

外在成长动力包括父母或老师、他人（或集体）的关注、认可、表扬、奖励、惩罚。外在成长动力一般由孩子对归属感、价值感的渴望与追求而获得。

❧ 成长动力内化 ❧

是指成长过程中将外在成长动力（如奖罚）主导的成长规则（或目标），内化变成孩子自主努力追求的成长规则（或目标），这一成长动力转化过程就是成长动力内化。

归属感追求的主要目标是在符合社会规则基础上进行自我追求，将外在成长动力（奖罚）所主导的目标内化转换成自我追求目标，同时将该成长动力（奖罚）变成内在自我成长动力（自我努力）。

成长动力内化后，孩子不再把奖罚等当成追求目标，而是把奖罚主导的行为规则作为自己内在努力的方向与目标，不管是否存在外在奖罚（奖罚取决于外在他人且容易变化的），孩子都会自己努力，而不是为获取奖励或规避惩罚而努力。

传统教育最主要的手段之一就是通过引导奖罚等外在手段，帮助孩子构建良好的内在成长机制，实现成长动力内化。

2. 成长心理根基——安全感与自信

安全感与自信是成长的心理基础，没有良好的安全感，就难以培养足够的自信；没有足够自信，独立自主、勇敢坚强、诚信自律、自强自尊、积极

Chapter 1

上进、责任担当、恒心毅力、专心专注、条理思维等素养则难以顺利塑造。

鉴于此，自我成长教育把安全感与自信合称为"基础素养"，建议从 0 岁起就为孩子铺垫好树立安全感与自信的地基。

太多孩子的成长问题，最初都是源于没有良好安全感与自信，并由此导致的一系列素养习惯不足，并由此发展出各式各样的成长问题。

正因为此，孩子成长问题的纠偏，必须先修正、强化良好的安全感与自信，否则很难达到良好的纠偏效果——这是自我成长教育的核心。

3. 心理惯性——良好素养铺垫

素养是成长的心理惯性，是构成综合素质的基本元素。

行为塑造心理，心理决定行为。毫无疑问，素养是成长的第一要素。

素养分为基础素养与基本素养：基础素养包括安全感与自信；基本素养（通常的素养）包括自主自立、爱心善良、主动热情、礼貌尊重、性格脾气与耐心、勇敢坚强、诚信自律与遵规守诺、乐观大度与同理心、自强自尊与积极上进、严谨认真与谦虚自省、责任担当与勤劳吃苦、恒心毅力、专心专注、条理思维等方面。

4. 行为惯性——良好习惯培养

习惯是成长的行为惯性，习惯决定素养的早期塑造，素养反过来决定日后的行为习惯，二者相互影响、相互促进。

孩子从生下来就开始学习模仿父母长辈与他人的一言一行，并按照所学行事，逐步形成自己的习惯，塑造出相应的内在素养。

习惯是规则内化成素养的惯性行为过程。

习惯是模仿与学习他人行为的自主行为表现，习惯是素养决定的惯性行为表现。

在孩子自主意识逐步觉醒并开始支配行为的成长阶段（幼儿园、小学之后的成长阶段），素养逐步影响并决定孩子的行为习惯。

良好习惯促成良好素养，良好素养决定良好习惯。

5. 成长铺垫与引导——熏陶引导

模仿是孩子的第一本能。从生下来什么都不会，到懵懂间获得安全感、自信，各种基本素养、习惯逐渐构建，以及成长规则得以铺垫，这一过程中父母的熏陶引导是不容小觑的。

婴幼儿阶段父母的熏陶引导，就是孩子原生家庭的烙印。

6. 自我成长前提——放手自主

无论是培养素养抑或习惯，孩子的行为自主是基础前提，家长不会放手孩子难以获得良好的自主性，没有良好的自主性，良好的素养和习惯也得不到塑造与固化。

同样，没有自主就不会有自我能力的发展，没有自我能力的发展就不会产生自信。

总之，在孩子成长过程中，家长务必学会适当放手，不放手是对自主成长与自我成长的扼杀！

7. 成长氛围——家庭、朋友圈、学校

成长需要环境与氛围的塑造，家庭、朋友圈、学校是最重要的成长环境。

家庭决定了孩子的早期成长，决定了安全感与自信及基本素养的良好铺垫，决定了早期习惯的良好养成，是成长的根基。父母是家庭成长的核心，父母决定着孩子的成长。

朋友圈是孩子最初接触的社会，幼儿阶段后的青少年阶段，朋友圈的影响力会更大。

学校是培养孩子成才的主要机构，是在家庭教育基础上的发展与提升。

良好成长氛围的塑造，是良好自我成长的基础，是良好自我成长的有效措施。

8.　成长规则——成长导向

成长需要导向，成长规则就是成长导向。

成长规则包括家庭规则、学校规则、社会规则。

孩子需要成长规则，否则他们无法得到社会与集体的认可，无法融入社会，更会不知所措。

成长规则是外在的要求，包括爱心善良、礼貌尊重、诚信自律、遵规守诺、责任担当等；当成长规则被孩子认可、接受，就会内化为孩子的内在素养。

广义上所说的教育，就是把规则变成内在成长规则、内在习惯、内在素养的过程。

成长规则内化是培养良好素养的前提，是成长教育的关键。

成长规则是成长需要遵循的原则，成长规则是成长的导向。

9.　成长动力——成长追求

任何行为都需要动力，成长同样需要动力，并且是一辈子源源不断、发自内心的成长动力。

成长动力包括自我内在动力与外来动力。

内在成长动力包括生理欲望、自尊、渴望安全感、追求归属感、兴趣特长、理想梦想、价值追求等方面，内在动力相对持久而巨大。

至于内在成长动力，孩子只有在自主行为下才可能发挥出来。

外来动力主要是来自父母、老师的关注与奖罚。日常生活中，父母给予孩子的关注、表扬、奖励等，都是在给孩子一种成长的外在动力；而惩罚，是一种杜绝避免的反向动力。

孩子若对外在动力认可接受，就能内化为自己的动力；孩子若不认可接受，则再多的表扬、惩罚也起不到作用——认可接受是外在动力能否内化、能否促进成长的前提。

成长动力就是一种追求，内在的自我追求，以及渴望外在认可的追求。

缺乏成长动力，如同没有动力的车船，即使拥有再宏伟的外观也走不了太远。

10. "3岁看老"的科学性

"3岁看老"是流传了千余年的华夏古谚，意思是孩子3岁左右的素养、习惯等决定了他成年后的心理、性情、思维等各方面的发展，甚至决定了其一生的成就。

3岁的成长真有这么神奇吗？如果是真的，那还需要之后几年、十几年、几十年的努力与教育吗？

一辈子的成长当然不可能由3岁的教育经历简单决定。但一个人的性格与思维等素养基本在3岁左右初步形成，这些素养很大程度上决定着一个人终生的成长和成功。所以，"3岁看老"确实是一个神奇的成长规律。

而从人类大脑发育的角度来看，孩子出生时的脑容量仅占成人的25%，到3岁时可占到85%左右。显然，大脑的发展情况为"3岁看老"的观点提供了科学支持。

很多细心的父母与教育工作者发现，一般情况下（教育手段没有重大改变的情况下），孩子进入幼儿园时所具备的安全感和自信不仅决定着其幼儿园时期的整体表现，还很大程度上影响着其小学乃至中学阶段自信的获得；爱心、热情、礼貌尊重、性格脾气、自主独立、勇敢坚强、诚信自律、乐观大度、积极上进、严谨认真、责任担当、恒心毅力、专心专注、条理思维等素养也在3岁左右初步养成，非特殊情况下，这些素养在后续的幼儿园、小学、中学、大学阶段、进入社会阶段基本能良性顺延（或不良顺延）。

可见，"3岁看老"是孩子成长的真实写照（除非成长或教育环境出现重大变化），很大程度上反映了成长教育的核心奥秘。

当然，鉴于孩子素养发展在青少年成长阶段的不稳定性，年龄越小其素养、习惯具有越大的可塑性，父母、老师的正确引导和及时干预显得十分重要，介入得越早，效果越明显。但不管如何引导或干预，如果错过 3 岁这个具有里程碑意义的年龄，很多素养、习惯就很难彻底从根源改变了，这就是原生家庭对孩子的一生影响巨大的根源所在。

与"3 岁看老"相类似的古谚还有"3 岁看大，7 岁看老"，二者表达的意思基本一致，孩子在幼儿园阶段仍具有巨大的可塑性，到了六七岁形成的素养拥有了更大的稳定性（基本养成），对后续成长的影响较大。

三、自我成长教育的原则

1. 树立安全感、自信原则

在孩子的成长过程中，身体是成长的生理基础，安全感与自信（基础素养）是成长的心理基础。

出生后，若缺乏良好的安全感，孩子很难安心吃喝、睡眠，还容易生病；没有良好的安全感，孩子难以培养出足够的自信；而缺乏良好的安全感与自信，孩子在德、智、体、美、劳等方面也很难养成好习惯。安全感与自信是孩子心理健康成长的首要因素。

鉴于安全感与自信在成长过程中的重要作用，自我成长教育将安全感与自信统一归类为基础素养，并在分析探讨时合并阐述。

2. 教与养同步原则

自我成长教育始于孩子 0 岁起安全感的强化与在此基础上的自信培养，以及对应敏感期相应能力的引导提升。无论对婴儿抑或幼儿素养培养的引导，不是等孩子懂事后说理，更不能等早教时再灌输，而要在孩子出生后的日常抚养中逐步推进，在养的同时教，养育与熏陶同步。

3. 平等尊重原则

平等、尊重是每个人的内心渴望。

只有平等对待，孩子才可能自信；只有尊重孩子，他们才可能自主努力。

没有平等、尊重，孩子就只有服从、跟从，很难产生自主意识，更难获得真正的自我成长。

日常生活中的平等、尊重表现为对孩子要更多地引导而不是命令，是蹲下来平等沟通而不是高高在上的说教与训斥，是在不造成恶劣影响下尽可能地尊重孩子的选择权，给予其更多的自主权。

平等、尊重是培养孩子自主自立最基本的手段，是亲子沟通、推心置腹的前提，对孩子自主成长的铺垫意义巨大。

4. 自主原则

自主、自立、独立，是每个人的基本心理需求，也是孩子成长的根本追求。

没有自主的孩子，永远是模仿他人（家长、老师、领导）或按照他人的要求生活。没有自主就难有自我。

自主是习惯养成的前提，自主的行为才可能成为习惯，外在强迫、逼迫的行为很难成为习惯。

自主是素养养成的前提，自主的内在心理表现才可能成为内在素养，外在逼迫、强迫的行为只是做作；自主决定着孩子主动热情与礼貌尊重、自主独立与勇敢坚强、诚信自律与遵规守诺、自强自尊与积极上进、严谨认真与谦虚自省、责任担当与勤劳吃苦、恒心毅力、专心专注、条理思维等方面素养的良好铺垫。

自主是成长规则内化的前提，在自主行为下对熏陶、宣讲、阅读、奖罚主导等成长规则自主认可接受，才可能形成内在认可接受的成长规则，如果只有听从、服从没有主见的话，无法成为内在行为规则；自主是成长动力内化的前提，在自主行为下，孩子的归属感追求、自尊追求、兴趣特长铺垫、理想梦想追求、关注惩罚等成长动力才能得以良好地构建。

很明显，如果没有铺垫好的自主意识与自主能力，孩子的成长将大受影响。

自主的前提是放手，是放手引导而非放任，是建立在安全感与自信得以良好铺垫的前提下。要知道，过度的帮助会使得孩子难以实现独立自主，并易向习惯被宠溺的方向发展。

不少家长认为婴幼儿太弱小，不可能形成自主意识和能力。但细观成长过程不难发现：新生儿能自主吮奶、独自睡觉，到5月龄可以自主抓食，8月龄开始能折腾着穿衣服，10月龄要求自己爬行，1岁时推开父母的手尝试着独行，2岁时不要大人抱着而尝试着自己走，3岁进要求自己背着小书包走进幼儿园，4岁时热心地要帮妈妈做家务，5岁时要爸爸把自行车的小辅助轮去掉，6岁时强烈要求上台展示才艺……这些都是孩子对应其能力下生发的自主性。从出生起的每一天，孩子都在进行对应的自主能力展现，都在努力自我成长。

自主，是自我成长的前提，是调动成长积极性的前提。

没有自主就没有自我，没有自主就没有自我成长。

放手与平等尊重是自主的前提

5. 开心快乐原则

开心快乐是成长的重要追求，是成长的前提，是培养身心素养的最好铺垫。

生活中，不管是饮食、运动，抑或玩耍、学习，如果孩子心情低落，做任何事的主动性都会大大降低。经大量调研发现，成长过程中缺少开心与笑容的孩子，他们的安全感与自信发展均不理想，其性格脾气、勇气、专注等素养的发展也会大打折扣，遇到挫折易产生畏难情绪，甚至影响身体的发育。

现代心理学、医学均已证实，乐观的情绪可以促进成长，不良情绪对身体健康与智商发育都会带来不利影响。

开心快乐是成长的永恒动力，对孩子在婴幼儿阶段的健康成长尤其重要。

当然，令孩子感到开心快乐并不是无原则地满足，真正的开心快乐是在良好成长规则前提下，尽可能地让孩子感到放松与开怀。

21 世纪，开心成长与快乐教育风靡世界，但不少家长和教育工作者将"开心成长"与"快乐教育"理解为无原则地放养孩子，让他们不背负任何学业压力，甚至可以不学习，导致他们玩物丧志，错过了最佳的受教育时期，醒悟时已未为晚矣。

真正的开心成长与快乐教育，应该在兴趣敏感期（1~4 岁）放手，让孩子建立广泛的兴趣，并在此基础上引导孩子的兴趣与特长，据此强化他们的自信，激发他们的挑战欲望，在兴趣—优势—特长—自信—乐于挑战—优势的良性循环下，实现自我挑战与自我发展，让孩子在学习过程中获得更多的快乐，打造真正的开心成长与快乐教育

6."婉趣"坚持原则

婴幼儿处于素养习惯的铺垫期，还没有太多自我约束的意识，很多做法都是本能的，与家长和社会的认同感是存有差异的。比如孩子精力旺盛，夜深了还想出去玩，吃饭时还要玩布娃娃等，家长若不答应就以大哭大闹作为对抗方式。如遇此种情况，父母必须坚持原则，但方法上不能太过直接，可以采取婉转而有趣（简称为"婉趣"）的做法分散孩子的注意力，或改变他们的思路与想法，使之开心并自愿地跟着家长的思路走，进而形成良好的习惯。

或者，在孩子执拗、固执之际，家长适当采取冷处理方式或约定推迟，再在孩子情绪平复的时候适当地进行引导，比当时就和孩子剑拔弩张更能达到良好的教育效果，并且有效地避免了冲突、逆反与伤害的产生。

婉趣地坚持是处理孩子违反规则、出现情绪化甚至蛮不讲理与耍赖时的

Chapter 1

基本原则与良好对策。

7. 成长适度原则

成长需要努力，成长需要尽力，但成长更需要适度。

无论是给孩子的爱、陪伴、依赖、关注、赏识、惩罚，还是孩子的上进、努力、追求，甚至包括自信，都需要一个适当的度。过于追求完美、追求上进而导致的违法犯罪甚至自残自杀现象在生活中并不罕见。

很多父母对孩子的要求喜欢水涨船高，总是拿"别人家孩子"的成绩来要求自己的孩子，致使孩子始终感到"压力山大"，给他们在自信等方面成长带来伤害（甚至是巨大伤害）。

与此类似，孩子需要父母家人的关心与帮助，但过度的关心与过度的帮助（代劳），无疑会对成长产生极不利的影响。

适度，是孩子成长过程中，家长需要把握的一个重要原则。

8. "小后果"自我承担原则

草率鲁莽、任性固执、不听劝是很多孩子容易出现的毛病，在确保安全的前提下，让孩子感受一两次"小后果"（包括"丢面子"等）带来的失落，受点打击，长点记性，未尝不是一件好事。这样的经历对培养孩子的安全意识、做人做事原则等可以产生积极的影响。比如不老实吃饭弄得满身都是饭菜，让孩子在外人面前丢一回面子；贪看电视错过吃饭时间，就只能饿着等吃下一顿，如果孩子依然我行我素接着饿上他（她）一两顿，问题并不大。直观的小后果体验后，孩子一般就能很主动地做到行为改观。

适当的小后果自我承担能够对孩子树立安全准则、做人做事底线等方面起到良好的促进作用，可以有效地培养孩子的责任感，进而提升孩子的自我成长能力。

9. 杜绝伤害原则

成长过程中，一些父母带给孩子的伤害，比带给他们的帮助更大。

成长伤害可分为客观伤害与来自家长的主观伤害两方面。客观伤害包括针对新生儿的噪声伤害、伤痛伤害、病痛伤害、其他各种意外伤害等；主观伤害包括对孩子的打骂、讥讽、高压、无视、习惯性否定等。

这些伤害对孩子成长的不利影响是极大的，如噪声伤害不只会造成听觉受伤，更可能导致安全感缺失；病痛伤害不只会影响孩子的身体健康，更可能造成他们在树立进取心、自信等方面的伤害。

针对以上伤害，父母的最佳对策是帮助孩子强化自我保护意识，尽可能做好预防和规避。

由于主观伤害经常发生甚至时时存在，对孩子的影响比客观伤害更大。

按理，主观伤害是容易规避的，但因家长认知受限或性格缺陷，使得很多主观伤害很难逆转——家长方式方法不当造成的主观伤害，是孩子成长问题的主要根源所在，是问题儿童层出不穷的主要原因所在！

在主观伤害中，最常见也是杀伤力最大的就是打骂。

传统观念认为孩子是不打不成器。虽然打骂对于干预孩子的不良行为和陋习可能起到立竿见影的作用，对行为与秩序规范可能起到预先约束效应，但因打骂形成的动力并非来自孩子内在的积极性与主动性，而是靠外部压力与伤害引发孩子的恐惧，进而起到相应的约束作用，且孩子很可能因此而种下叛逆的种子，甚至产生怀恨之心，故打骂不仅对孩子的成长助力极为有限，反而更易对他们造成毁灭性性的打击，当今社会那些动辄偏激行事的未成年人造成的人间惨案还少吗？

婴幼儿阶段，孩子处于规则意识形成的初期，而这一切都在模仿、摸索中习得的，由于经验不足与辨别能力低下，他们会不可避免地做出一些不合时宜的行为，父母要在了解事情的前因后果后，给予孩子适当的提点和正确引导，让他们知错，更要让他们明白该如何改正。此时，如不分青红皂白一顿打骂，孩子势必会感到惶恐、迷惑、慌乱，即便服软也只是暂时的屈服，并没有在内心对问题的严重性有所认知，会对孩子的安全感与自信的树立造成适得其反的影响，导致他们无法获得良好的归属感与价值感，独立自主更是无从谈起。

生活中确实有不少成功人士提到小时候有被父母师长打骂而奋发图强的经历，但这并不是一种值得提倡的常态，反而是因打骂而自暴自弃的个案不胜枚举。

此外，家长对孩子的专制、冷暴力以及苛刻、讥讽、习惯性否定等，也存在与打骂类似的伤害性。相信为数不少的父母都是用过这样的话术："再不听话，妈妈（爸爸）就不要你了""我数三二一，你不许再哭了，三——二——一""我就知道你永远做不好的"。这些带有要挟甚至恐吓以及贴标签的口吻就像难收的覆水，一旦出口就会在孩子心里留下深深的烙印，这些言辞的余音也许在此后的几年、十几年中会始终缭绕在孩子耳畔，虽然随着年龄渐长，他们对这种伤害已感麻木，但终将以成长早期安全感、自信的缺失作为代价，亲子关系也将出现难以弥补的裂痕。

为人父母，要格外留心孩子成长的每一个环节，尤其要规避各种对他们精神和肉体方面的伤害。要知道，十次呵护都未必能弥补一次伤害，甚至一次打击就可能造成伴随孩子终生的伤害。

10. 自我成长优性循环原则

成长的最高境界是自我成长，成长教育的最佳方式是为孩子铺垫良好的自我成长机制。

为人父母者要为孩子从 0 岁起就做好形成良好素养的铺垫，在此基础上，引导孩子的兴趣特长与归属感追求等，为他们积蓄成长动力，学会放手，尽可能为孩子打造自我成长的优性循环。

四、婴幼儿阶段自我成长教育方法

　　婴幼儿阶段自我成长教育方法包括0岁成长、熏陶引导、"首三次"引导、成长规则铺垫、关注敏感期成长与延迟满足、家庭会议等方面。

　　良好的自我成长教育方法，是孩子树立安全感与自信的重要前提，是素养习得与积蓄成长动力的重要保证。

1. 0岁成长

　　孩子成长是从什么时候开始？成长教育从什么时候开始为好？

　　对此，医学与教育学专家已形成共识：身体成长是从胎儿期开始，心理成长最迟是从出生起开始（胎儿后期已具有心理成长）。

　　可见，成长教育最迟也要从孩子0岁开始，刻不容缓！

　　0岁成长是指从孩子出生起，在日常抚养中对其安全感与自信进行良好塑造，并在此基础上为孩子良好素养的习得进行铺垫，以此开启孩子的自我成长。

0岁成长可行性与必要性

　　苏联著名生物学家、教育学家巴普洛夫曾说过："婴儿从降生第三天开始教育就迟了两天"；意大利儿童教育学鼻祖蒙台梭利的研究也证明，孩子从出生开始"懂得"，需从出生开始"教"。

　　自我成长教育的0岁成长，明确了从0岁起要呵护孩子的安全感与自信，并在此基础上熏陶引导他们习得良好的素养与习惯，在成长敏感期做好对应的素养强化，打造其成长的优性循环。

　　做好0岁成长的本质，就是抚育过程中，父母给予孩子细心的爱与呵护，对他们进行良好的熏陶与引导，这种教育不仅具有可操性，还能起到绝佳的铺垫效果。

良好的 0 岁成长，是孩子健康成长的基础，是其成长的优性循环的良好开启。

❧　0 岁成长要点　❧

0 岁成长要点包括以下方面：

0 岁成长是从孩子出生（含产前胎儿期）起就对其成长予以细心呵护，包括尽可能母乳喂养、爱的抚触、温柔的声音、亲切的交流、尽量多的陪伴、合理的依恋（避免过度依赖）等，尽量杜绝伤害，保护他们的安全感（营造良好的养育环境，包括对声音、温度、光线等条件的合理调节，杜绝惊吓与强烈刺激），使之得以不断强化、提升，在此基础上塑造良好的自信。

0 岁成长为孩子后期成长的优性循环迈出了良好的第一步。

❧　0 岁成长是顺应成长规律，而非拔苗助长　❧

在传统观念看来，对新生儿进行"教育"，绝对是不可思议甚至是荒唐的行为。

很多父母与儿童教育专家发现，多数情况下，安全感如在出生之际遭到破坏，孩子会因此感到内心不安甚至因惶恐而易哭闹，在很长一段时间内（数周、数月甚至数年），他们很难构建良好的安全感、形成足够的自信。可见，0 岁成长绝非拔苗助长，而是顺应孩子成长规律的科学教育，是不可或缺的成长铺垫。

新生儿的感知力、感悟力、接受能力远超我们的想象，这早已是意大利儿童教育专家蒙台梭利、奥地利儿童心理学创始人阿德勒等众多儿童教育学家与心理学家们的共识。因此，培养卓越宝贝从 0 岁抓起，刻不容缓！

2. 熏陶引导

自我成长教育始于 0 岁，那么，我们应该如何教呢？

答案是：在抚养的同时，父母用充满爱的言行举止对孩子进行良好的熏陶引导，并通过故事讲述等方式为其铺垫良好的成长规则、蓄积足够的成长动力。父母的熏陶引导包括温馨笑脸、亲切话语、自信心态、良好的性格脾气、对人礼貌尊重、乐观大度、做事专注等。

不少父母与教育工作者认为，孩子的很多方面（特别是性格脾气与智商思维）是父母遗传所致，但自我成长教育通过对众多成长案例的调研发现，这些方面的习得更多得益于父母熏陶引导下孩子的自主模仿。

为人父母者通常认为孩子在半岁、一岁甚至3岁前是不懂事的，早期只要照顾好孩子的衣食住行即可，根本意识不到身体力行对孩子的引导功能。父母是孩子的镜子，什么样的父母照出来的就是什么样的孩子！孩子的解释能力很差，但觉察能力很强，如果父母经常发脾气，脏话连篇，孩子很快就能有样学样。这绝不是父母遗传所致或生性如此，而是孩子在不良的家庭氛围中被"熏陶"所致。

熏陶引导的本质，是孩子对父母得体、正确的言行举止进行示范与模仿，并潜移默化为自己的心理惯性与行为准则。

良好的熏陶引导是父母对婴幼儿（特别是0~3岁）最好的教育。

3. "首三次"规则的引导与强化

"首三次"规则的引导与强化是父母对孩子自主行为的最早引导、指导与帮助。

模仿学习是婴幼儿的本能，由于模仿不到位，孩子最初的自主行为（"首三次"行为）不一定符合正常的客观标准，甚至出现了相反的表现（如无故摔东西）。此时，父母应对孩子进行耐心引导（做好"首三次"引导），以修正、强化初始自主行为表现的合适性与正确性，铺垫孩子良好的成长方法与成长规则。

生活中较常见的"首三次"行为引导强化，例如：孩子第一次扔垃圾，家长告知其要将垃圾扔到垃圾桶，后续孩子一般都会照做；孩子第一次抓小

Chapter 1

猫，家长告告知其不能伤害小动物，孩子在很长一段时间内必定会温柔对待小动物；孩子第一次独立过马路，家长告知其要走斑马线，孩子在此后都会严格遵循交通规则……通过这样三次（特别是第一次）训练，孩子一般都能在较长时间内照此规则行事，并在经历后期逆反和修正后得以良好的固化。

具有针对性的方法指导与训练是使规则得以内化的有效手段，"首三次"规则对孩子在早期形成良好素养影响巨大。

4. 敏感期成长

研究发现：3 岁前未能建立良好安全感与自信的孩子，到了幼儿园阶段，家长再费心努力也很难使之达到那些 3 岁前就建立了足够安全感和自信的孩子的状态；错过了 3 岁前的语言敏感期，孩子在后期的语言发展上有可能出现诸多障碍，如语速慢、表达能力有限等；那些 6 岁前思维发育迟钝的孩子，后期的思维能力发展很难超越 6 岁前思维活跃的孩子。造成这些现象的主要原因，就在于孩子一旦错过相应的成长敏感期，后续再如何努力也难以弥补。

婴幼儿的成长敏感期包括安全感敏感期、自信敏感期、动作敏感期、自我意识敏感期、模仿敏感期、细微事务敏感期、秩序敏感期、人机交际敏感期、思维敏感期、兴趣敏感期等，整个 0~6 岁（特别是 0~3 岁）阶段是孩子成长敏感期最为集中的阶段。如果没有做好敏感期的对应引导，孩子与之相应的各项能力一般也较难有良好的发展。

婴幼儿成长敏感期具体对策详见本书第二章。

5. 成长规则铺垫

成长规则是孩子成长的基础，正可谓"不以规矩，不能成方圆"。

对于孩子成长规则的铺垫，除了平常的教育与讲道理外，更多取决于孩子在家庭氛围的熏陶下，对父母一言一行的模仿，以及受到的诸多影响。

为孩子铺垫良好的成长规则，是素养习惯养成的前提。

孩子的成长必须符合社会所希冀的成长规则，如有爱心、懂礼貌、性格好、遵规守诺、懂得担当、能勤劳吃苦、有恒心毅力、做事专注等。

成长规则必须经内化后才能成为素养，不内化的规则只能是希冀、愿望或要求，认可并接受内化后的规则才能成为素养。

在成长的过程中，家长一定要让孩子认可（言传身教是最好的方式）外在的成长规则，并引导他们在行为中自主体现并内化，否则再多的强调只会成为无效的说教，反而会引起孩子的不耐甚至逆反。

成长规则内化后即成为素养（如善良、勇敢、专注等）。

良好的亲子关系是铺垫、强化成长规则及良好内化的重要基础。

婴幼儿阶段的成长规则强化将在第二章进行详细阐述。

6. 成长动力铺垫

生活中，有的孩子特别积极上进，有的则很消极懒散，没有动力。何故？

本质上来讲，孩子与孩子之间是没有太大差别的，而成长的最大动力来自内在。

如前文所述，成长动力包括内在动力与外在动力两部分。内在成长动力的铺垫，如不随意数落孩子的缺点（面子与自尊）、不当着他人的面批评孩子（面子与自尊），引导孩子做父母的乖孩子（归属感），称赞孩子能干做得好（价值感），放手并帮助孩子做其喜欢做（兴趣动力）、擅长做（特长动力）的事，鼓励他们在内心树立可向之学习的榜样等。

孩子的内在成长动力一般在婴幼儿阶段初步得以铺垫。

外在成长动力包括来自父母、长辈、老师的关注、赏识、奖惩等。

家长一般都是通过表扬激励孩子努力，通过批评甚至打骂来约束孩子的不当行为。多数情况下，孩子会为了迎合大人而"努力做好""表面做好"，对于类似打骂这样的惩罚措施或许有的孩子会受到触动而痛改前非，但更多孩子会就此蜷缩自己、伪装自己，甚至因此耿耿于怀，始终不能释怀，并最终会于未来的某一刻一触即发，造成难以想象的后果——这正是自我成长教育反对打骂惩罚的原因所在。

鼓励、表扬与批评、惩罚的最终目的是为了让孩子接受正确的成长规则，并将之内化为成长动力。

教育者（包括父母、老师等）都希望所有奖惩规则能够被孩子接受并产生长效，否则再多的表扬、批评都只有短期效果，并且极易让孩子为获取表扬而应付，为规避批评而做作或伪装。这样的话，奖惩规则永远无法内化为持久的自我成长动力。

婴幼儿阶段的成长动力铺垫将在第五章进行详细阐述。

7. 在各种细小事务中引导成长

孩子的成长是日常生活中进行的，为人父母者可以通过诙谐有趣的言语、游戏、游玩、故事讲述等方式，随时随地对孩子进行教育，特别是在各种细的小事务中引导成长（如闲聊时随提到哪位朋友对老人很礼貌，孩子便会留心并极力模仿）。孩子通过在不知不觉中的模仿学习，就潜移默化地习得了各种良好的素养。

孩子很容易将一本正经的说教、不分青红皂白的训斥等生硬的方式理解为大人对他们的要求（是家长要求的，而非孩子自主的），对此，他们一般很难接受，即便表面接受，内心也是抗拒的，长此以往很可能导致逆反心理。

这正是很多孩子越教育越叛逆的根源所在。

8. 关注、及时回应与延迟满足

众所周知，如果得不到关注，孩子将会感到失望、烦躁，发脾气，失去耐心。

关注是判断孩子行为是否适宜、正确的前提，是为人父母者对孩子赏识、奖罚的基础，是孩子检验自身做法是否值得坚持的前提。

及时回应是对孩子的相关意见与要求的及时答复。家长对于孩子提出或表达的要求与意见，无论同意与否，都应该通过话语、眼神、表情或动作等方式予以及时回应。

关注是回应的基础，没有关注就不会有对应的及时回应，没有关注就不会有后续的奖罚；没有关注无异于漠视、不在乎、不尊重；关注是孩子努力的前提，关注是孩子努力的基础动力——这是孩子特别在意父母关注自己的根源所在。

延迟满足，是对孩子的需求、要求不及时满足，而是适当延迟。比如在孩子闹情绪或摔倒哭闹时，及时询问孩子是否有事，延迟一两分钟后再给予孩子安抚（而不是即刻安抚）；在商场，孩子看到喜欢的玩具要求买下来时，和他商量可以再找找看，或许有更有趣的玩具，或是等到生日的时候再来买（而不是即刻购买）。

延迟满足一般只是针对少数特殊情况，借以锻炼提升孩子的耐心、自控力与情绪管理能力，弱化以自我为中心等不良意识。

延迟满足一般建立在及时回应的基础上，不及时回应不利于亲子交流，孩子也可能有样学样，养成与他人交流不及时回应的习惯，使得他们与人交流时产生交流障碍甚至是误会，严重影响交际能力的发展。

延迟满足必须把握好适度，过度延迟会让孩子生发不满、不耐和失望等负面情绪。

延迟满足一定要做到延迟后的兑现，否则孩子会感觉父母不在乎自己，更影响他们对诚信的认知，以及对父母的信赖度。

9. 家庭会议

家庭会议是全体家庭成员参与并对前期和后续阶段家庭事务、教育问题等方面的计划、要求与总结。

家庭会议是解决家庭教育问题、统一家庭教育理念、提升家庭教育方法的重要手段。家庭会议有助于家庭成员共同成长、家庭和谐、家庭矛盾的解决、夫妻关系和亲子关系的提升、妥善解决家庭纠纷。家庭会议可以对孩子自主意识、自主能力、表达交际协调能力等方面带来巨大提升。

家庭会议建议每月或每周举行一次，孩子在3岁后要尽可能参加，5岁后必须参加。家庭会议一般由父母主持，等孩子到五六岁时亦可参与主持。家庭会议要做到人人平等，大人也要听取并讨论孩子提出的相关意见与建议，若得以采纳应对其鼓励认可，若不采纳也一定耐心地给予孩子解释说明。家庭会议形成的决议必须告知孩子，要求全体成员共同执行。

五、自我成长教育的禁忌与伤害规避

从综合角度来看，自我成长教育由两个方面组成：成长铺垫与伤害规避。

成长铺垫包括安全感与自信铺垫、成长规则铺垫与强化、素养习惯铺垫、成长动力铺垫等方面。成长铺垫在后续章节会进行专题阐述。

成长伤害包括溺爱、大包大揽、中心化与温室化培养（不放手自主），以及苛刻、高压与拔苗助长、专制育儿、情绪化育儿、贴标签行为、打骂伤害等方面。

明显地，规避成长伤害与进行成长铺垫同等重要，一次打骂可能冲抵十次爱心呵护，可见，规避成长伤害比成长呵护更加重要。

有的家长将纵容溺爱、大包大揽、中心化与温室化培养、过度保护等同于对孩子的爱；有的家长把苛刻、高压、拔苗助长、声色俱厉、棍棒教育视为对孩子恨铁不成钢的真爱；有的家长都无法管理好自己的情绪，自然会情绪化地对待孩子，甚至用爱来要挟孩子（常听闻有家长对孩子进行"恐吓"：再不听话，就不要你了）。殊不知，这些畸形的爱只会带给孩子巨大的伤害。

1. 杜绝溺爱、大包大揽、中心化与温室化培养

所谓溺爱、大包大揽就是无限地、无原则地对孩子进行宠爱、满足与庇护，使得他们不必做出任何努力，更无法建立自主能力，更谈不上自信的树立。

中心化与温室化培养是指家长事事以孩子为中心，让他们时时感到被宠溺，过度保护，不愿放手。

以上行为带来的直接危害是剥夺了孩子建立独立自主意识与能力的权利，让孩子变得脆弱无能。有相当一部分年轻父母认为这样没有原则的宠溺大多来自隔辈人，可完全将责任推到老人身上也是不合适的，作为第一监护人的父母对孩子的养育教导责无旁贷。如果家中是由祖辈充当主要抚养人，那么为人父母者势必要和老人对教育方式方法进行沟通，在发现祖辈出现宠溺等行为时，应该及时干预并进行正确的引导。总之，关于带孩子的问题，祖辈不帮是本分，帮忙是情分，为人父母者绝不能以任何理由将教导、抚育孩子的义务轻易让渡出去，抚养孩子的过程中，所有伸过来的援手都是辅助性的，教育成败与否的最终责任人都是为人父母者。

杜绝溺爱，杜绝大包大揽，杜绝孩子中心化，避免温室化培养，是确保孩子身心健康成长与发展的前提。

2. 避免苛刻、高压与拔苗助长

苛刻、高压、拔苗助长会给孩子安全感与自信带来巨大伤害，容易破坏孩子有关专注、勇敢与责任心等素养的建设，可能导致他们对某些事物兴趣尽失、厌烦甚至产生逆反情绪。

出于攀比、焦虑等心态，不少家长对孩子寄予很高的期望，看到"别人家的孩子"哪方面卓越就生出赶超之心（即使孩子已经尽力而为，依然追求更高的标准），将孩子稍早表现出来的兴趣视为天赋培养，一味地拔高，在孩子兴趣淡化或感觉吃力时不是放慢步伐、给予鼓励，而是一味地施压。于是，"兴趣班"变成"伤害班"，孩子视上课为苦刑，为日后厌学甚至不良心理的形成埋下祸根。

自我成长教育主张的0岁成长绝不是提倡给孩子灌输知识技能，也并非要把孩子的素养拔高到什么程度，而是强调自出生后即要帮孩子建立足够的安全感和自信，不能错过最佳的培养敏感期，并在此基础上引导孩子自我成

Chapter 1

长、自我发展。

自主成长的过程中，孩子必须通过不断发摸索尝试各项能力的提升。摸索过程并非一番坦途，时好时坏的情形会屡见不鲜，家长应该客观正视这一成长现象，放手让孩子在反复中砥砺前行，在理解、鼓励的基础上提供适当的引导和帮助，助力孩子自我成长。

3. 杜绝专制育儿

为数不少的父母认为特别听话、惯于服从的孩子就是好孩子，喜欢对孩子指手画脚、声色俱厉、说一不二。这种专制教养下的孩子往往缺乏主见，难以自信，诚惶诚恐，极度缺乏安全感。与其说他们是听话，毋宁说是畏惧。

殊不知，这种畏惧情绪会直接成为孩子心智、情感发展的桎梏。

习惯专制育儿的父母认为孩子是自己的附庸、私有财产，孩子必须服从父母的安排，而不能提出任何质疑或反驳。一旦孩子对父母的某些决议表示出些许不满，很可能换来的就是一顿打骂或奚落。

生活中，绝对的专制育儿不多见，但相对的专制育儿屡见不鲜——"听话教育"就是一种程度较低的专制教育。

专制的父母不容许孩子犯错，甚至不能接受孩子做出尝试。专制教育下的孩子，缺乏主见，没有独立思考，只能严格遵照父母的标准行事，做父母心中的乖孩子。久而久之，孩子渐渐失去自我，丧失了基本主观能动性，更谈不上独立自主，最后要不与懦弱为伍，要不物极必反，走上叛逆的不归路。

杜绝专制教育从把握听话教育的尺度做起（参见第六章"不听话与过于听话的规避"）。

4. 杜绝打骂伤害

无论是成人、未成年人，哪怕是心智远未成熟的婴幼儿，都不愿意被否定。前面已经反复重申安全感和自信对孩子成长的重要性，而否定、批评与打骂对安全感与自信的挫伤绝对是致命的，尤其对0~3岁阶段孩子的伤害更是无以复加。

遇到婴幼儿阶段的孩子做得不好时，家长应在理解的基础上给予鼓励与帮助，尽量帮他们维护好刚建立不久的安全感和自信，避免不必要的否定与批评。当孩子到了3岁，自信已初步养成后，方可在引导、鼓励的基础上辅以适度的批评。对于那些明显缺乏自信、需要强化安全感的孩子，家长还是要在3的岁前尽量避免否定与批评，特别要杜绝打骂。

传统观念认为孩子不打不成器。体罚或许对干预陋习与不良行为能起到立竿见影之效，但弊端也是显而易见的，这种肉体上的威慑势必会令孩子产生惶恐、迷惑等负面情绪，进而屈服，安全感与自信心遭到严重挫伤，并因此留下心理阴影，成为童年梦魇，贻误终生。表面看，打骂过后孩子可能很快就没事了，不会像成人那样"记仇"，但对他们造成的心理伤害是巨大的，甚至会让他们产生攻击别人的念头，认为可以通过暴力来发泄不满的情绪。比如和别的孩子玩闹时，稍遇不爽就动手攻击对方。长此以往，孩子会变得越发孤僻，不再有人愿意和他玩。

在鼓励与帮助的前提下予以适度批评，原则要坚定，语气则要婉转，对孩子进行正确且不失风趣的引导。这才是家长面对低龄孩子犯错时纠偏的正确打开方式。

5. 谨防语言伤害

都说父母（特别是妈妈）对孩子是"刀子嘴豆腐心"，无非都是为了孩子好，话糙理不糙。然而，正是因为这"理不糙"的话语极易给孩子的心理健康造成严重伤害。

说出去的话，泼出去的水，都说覆水难收，有些话一旦脱口就是万箭穿心，比如高声训斥，声色俱厉，带有侮辱、谩骂、讥讽、挖苦的话语等，不要说孩子，就是成人听了都难以接受。很多父母特别乐于说教，认为刀子嘴豆腐心可以让孩子引以为戒，时刻警醒，唠叨是让孩子心中始终有根弦。殊不知，"刀子嘴"有时真的会成为一把利刃，刺进孩子稚嫩的心灵，留下永久的伤疤；过度的唠叨则是一种噪音，会引发孩子的烦躁情绪，说得越多，效果越差。长此以往的语言伤害会导致父母威信的丧失与教育的失效——绝大多数亲情伤害案都是因为青少年产生逆反心理导致的。

生活中，有很多父母并不打骂孩子，但习惯语带恐吓，诸如"再不听话，妈妈就不要你了""我数三二一，你必须停止哭闹，三——二——一"；抑或是给孩子贴各种标签，如"我就知道你再努力也做不到的"，既打击了孩子，也让自己感到很沮丧。很多孩子长久生活在这种带有言语伤害的氛围中，或变得自卑懦弱，或麻木不仁，进而走向逆反。

永远牢记，孩子的成长需要良好的语言环境。

6. 避免情绪化育儿

情绪化育儿是当今很多年轻父母面临的一大挑战。在家中没有老人或保姆协助的情况下，抚育子女确实是很多双职工家庭不得不面对的棘手问题。试想一下，辛苦一天回到家看到孩子把家里弄得一团糟，或是功课一塌糊涂，为人父母者想不发火都很难，难免对孩子大呼小叫，好一番教训。这貌似也是人之常情，但我们不要忘了，孩子的认知能力不足以让他们明白父母的艰辛与不易，他们很可能会将父母的情绪宣泄看作对自己的否定，甚至会误读为"爸爸妈妈不再爱我了"。另一种常见的情形是时下很流行的说法——"平时母慈子孝，一学习就鸡飞狗跳"，这正是家长情绪管理失控的真实写照。

情绪化育儿不仅会对孩子的身心造成伤害，也会对夫妻感情、家庭氛围带来不良影响。殊不知，在家长"发泄一时爽"之际，孩子面对的却是一个硝烟四起却孤立无援的战场，他们既不能抵抗，也无法逃避，只能眼睁睁看着自己最亲的人变得越来越陌生。

己所不欲，勿施于人。为人父母率先要学会管理自己的情绪，遇事不急不躁，才能留出冷静的头脑分析孩子的成长得失。此外，一个情绪不稳定的家长会严重影响孩子的安全感，缺乏安全感的孩子基本也就丧失了自我成长的契机。

7. 避免贴标签伤害

生活中，很多父母喜欢盯着周边出色的孩子或人家孩子出色的方面，看到自家孩子不足不争气时就唉声叹气地认为自家孩子天生懒惰愚笨，甚至天生顽劣，给孩子贴上"拙劣"的标签。

与语言伤害、情绪化育儿类似，不良的标签容易导致孩子自信与上进心的受损与破坏。

标签包括良性标签和负面标签，这里常说的贴标签伤害一般贴指负面标签，比如"这孩子生来就这样（笨拙）""那孩子向来厉害，我们肯定不如他"等。

负面标签不仅是一种否决，更是一种难以改变的内在的否决。负面标签具有强烈的心理暗示作用，会让孩子认为自己确实是个无可救药的孩子，形成潜意识里的严重伤害；或者因他人给自己莫大的冤枉而感到憋屈、逆反甚至仇恨。

贴标签行为一般始于孩子半岁或1岁之后，一般在孩子屡次出现类似"问题"之际。贴标签的始作俑者主要是父母家长，也可能是老师、邻居、玩伴等，一般都是在无恶意的玩笑中给孩子贴上的。

孩子是天生好面子、自尊、积极上进、好强好胜的，父母标签不仅会对孩子的自信、上进等方面造成巨大的打击伤害，更对其归属感、价值感带来不良定位，导致孩子在潜意识里不自信，造成不良的我自我认知与自我定位，对孩子积极上进、自我努力、追求卓越的素养习得产生巨大的负面影响。

在孩子存在不足时，父母应在鼓励的同时，客观地评述孩子没有做好的部分，助其改进提升（尽量避免说不如谁做得好），必要时引导孩子看到自己长于他人之处，帮孩子保持自信，令其在自信的前提下实现自我努力。

另一方面，在成长过程中给孩子贴良性标签可以助其强化内在自信，减轻弱化孩子的消沉情绪，能有效调动孩子的成长积极性。

六、自我成长模式

自我成长教育通用模式有二：一是 0 岁起铺垫良好素养的优性循环成长模式，二是素养铺垫与成长出现问题时的成长纠偏模式。

成长优性循环是理想的养育模式，关键就在于从 0 岁起就为孩子铺垫良好的安全感与自信，并在此基础上引导其建立良好的素养和习惯，以及良好成长规则，蓄积足够的成长动力。

成长纠偏模式是指父母没有为孩子做好 0 岁起的成长铺垫，或错失了孩子的成长敏感期，或采取了不妥甚至是错误的方法给孩子的成长造成了伤害，只得以多倍的努力去弥补纠偏此前的失误。那些因爱与亲情缺乏、不良熏陶等导致的孩子安全感、自信感不足，性格脾气差、不专注等是最需要纠偏的部分。

对成长过程中发现的不足与偏差进行及时修正，让孩子在适度的反复中摸索成长，是成长优性循环的重要补充。

1. 优性循环成长模式

> ❖ 特 点 ❖

优性循环成长模式，主要强调家长要从 0 岁起帮助孩子铺垫良好的安全感与自信，通过良好熏陶引导孩子建立正确的习惯，形成优秀的素养，通过故事讲述与阅读等方式强化良好的成长规则，通过兴趣铺垫、归属感追求等方式蓄积成长动力，由此构建良好的成长优性循环。

进入成长优性循环的孩子，在归属感追求与积极上进等内在素养的作用下，会自动自觉地在各方面展示出良好的成长态势。孩子在幼儿园会表现得十分活跃，能很快交到要好的朋友；到了小学阶段，他们会更加积极上进，德、智、体、美、劳全面开花。

❧ 婴幼儿阶段的自我成长优性循环模式 ❧

孕产前对优生优育的了解学习与准备→有准备地怀孕与良好备孕→孕妇健康与营养保证→确保胎儿健康，杜绝惊吓等伤害的产生→分娩过程中尽量避免生产伤害→确保新生儿的安全感建立→父母家人用爱与陪伴强化孩子的安全感与自信→父母家人对孩子的良好熏陶与引导→尽量放手让孩子去尝试力所能及的事情，强化他们的自主意识，锻炼他们的自主能力→良好素养习惯的铺垫→通过故事讲述、阅读、奖惩有度、氛围营造等方式做好成长规则的强化→敏感期对应素养或能力的铺垫与强化（如安全感敏感期强化安全感、思维敏感期强化思维发展等）→蓄积成长动力（包括兴趣铺垫、引导归属感追求、树立榜样等）→成长过程中对成长不足进行强化，对成长问题进行及时纠偏→孩子更好地实现自我成长→自我成长优性循环。

❧ 优性循环成长要点 ❧

构建良好成长优性循环的要点包括如下几点：

准爸妈务必做好成长教育理念学习，以及优生优育准备；

确保胎儿健康与营养均衡；

帮助胎儿建立安全感，孕期尽量避免惊吓、杜绝伤害；

杜绝惊吓、声光伤害，做好新生儿发安全感呵护与铺垫；

在确保建立了足够的安全感后自信；

在确立了良好安全感与自信的基础上，塑造良好的素养；

尽量母乳喂养，为孩子做好亲情、依恋与安全感的强化，保持清淡口味，帮助孩子养成少零食、不偏食、不挑食的营养均衡的饮食习惯；

为孩子养成良好的作息习惯，保证其充足的睡眠；

尝试放手，帮助孩子接受挑战、树立自我意识、培养独立自主的能力；

给孩子做好成长敏感期各种素养、习惯的引导与强化；

强化良好的成长规则，帮助孩子塑造并逐步内化这些规则；

对孩子的行为予以关注，对好的行为给予认可与肯定，对不好的行为及时干预并纠偏；

面对孩子的不足与错误，应在理解的基础上予以引导及帮助，杜绝打骂、训斥等伤害；

帮助孩子追求良好的归属感和价值感，助其蓄积足够的自我成长动力。

2. 纠偏成长模式

成长纠偏模式是父母没有做好某些方面早期成长（特别是 0 岁成长），导致孩子存在某些方面素养习惯的不足，为了孩子健康成长而在日常养育过程中对存在不足的素养习惯进行强化或纠偏的成长模式。

生活中婴幼儿孩子存在的成长不足（特别是早期）最常见的是安全感与自信的不足，是对孩子成长影响最大的不足，也是孩子成长过程中强化与纠偏难度最大的方面。

安全感与自信的强化与纠偏尽量在孩子越小的时候进行强化。

通过对成长过程中大量基础素养（安全感与自信）与意志类素养（如勇敢坚强、自强自尊、积极上进、责任担当、恒心毅力等）纠偏的纠偏操作观察发现，一般情况下第一个月基础素养（安全感与自信）等重点纠偏素养能初见成效，第二个月对相关不足素养得到修正，第三个月对纠偏修正后的成长习惯进行系统强化。故一般情况下，自我成长教育成长纠偏期为 3 个月。

纠偏成长模式是优性循环成长模式的重要补充，由于孩子成长过程中一般都存在或多或少的各种不足，纠偏成长模式是最常见的存在模式。

❧ 特 点 ❧

为数不少的家长出于本能的爱与认知上的不足，对孩子早期出现的成长问题不当回事，甚至任其发展。于是，现实中往往出现这样的情形：孩子刚出生爱哭闹，就抱着哄睡，时间一长，孩子表现出强烈的依赖，若不抱着就难以安睡；若此时不及时干预，做出改善，则孩子在半岁、一岁后会表现出过度的依赖，出现胆小、缺乏自信等性格弱点，而这种不自信、不自主会直接影响孩子后期的动手能力与智力发展。这种滞后会在幼儿园与小学阶段表现得愈发明显。

类似以上的成长问题还有很多，如不加干预并进行改善势必成为孩子成长过程中的拦路虎。话说回来，家长也不必一发现问题就如临大敌，婴幼儿处于成长的巨大可塑期，只要我们对此予以重视并进行适当的引导，所有的问题都可以得以化解。成长纠偏模式的本质就是规避成长问题日积月累，见招拆招，针对每个出现的问题进行分析，并形成对应的解决方案，付诸实施。

❧ 婴幼儿阶段纠偏成长模式 ❧

家长发现成长问题→与同龄孩子进行比照，向优秀父母或专业人士请教→判断孩子的安全感、自信或其他素养是否不足→自省父母（或抚养人）的爱不足或爱的方式不妥（如溺爱、包办等）→自省夫妻感情或家庭成长氛围是否存在问题→自检对孩子的关注是否存在不足或奖惩不当造成了伤害→自查是否放手让孩子尝试了更多的自主→自省对教育的认知是否存在不足、方法是否得当→确定问题的根源所在→提升对教育的认知、态度，对教育方法进行修正→尽量在一个月内实现纠偏→三个月内逐步改善与总体提升。

第二章

成长规则铺垫与敏感期成长

成长是一个系统过程，家长必须要帮孩子建立并强化规则意识，尤其要关注其敏感期的成长。

为数不少的家长对"乖孩子""好孩子"的界定标准就是"听话"，如果在某些问题的看法上，孩子与自己的存在分歧，或是采取体罚、言语刺激等粗暴手段，或是干脆熟视无睹，完全不与孩子做对等的交流或回应。这些专制、高压、情绪化的育儿方式方法无益于孩子的成长，而且会引发诸多负面效果，严重损伤亲子关系。

做好早期成长铺垫，是促进孩子自我成长能力的重要基础。不要总艳美"别人家的孩子"样样红，做好足够的成长铺垫，每个孩子都是最灿烂的花朵。

一、成长规则铺垫

成长规则包括为人处世规则、社会规则、交通规则等，是孩子在成长过程中必须要率先建立的行为意识。

传统养育理念认为这些成长规则是靠父母、老师苦口婆心"教"出来的，其实大可不必费此周章，只要将这些规则融入生活的点点滴滴，通过家长一言一行的引导与熏陶，孩子在潜移默化中就可以将之习得。

要知道，婴幼儿阶段的成长规则养成是小学阶段成长规则、中学阶段成长规则养成的基础。这些规则不会因成长阶段的不同而有太大变化，可以说，婴幼儿阶段的成长规则基本决定终生的成长规则。

成长规则会通过心理与行为的过滤内化为个人的素养和习惯。如尊老爱幼的处世规则会内化成孩子礼貌谦让、助老扶幼的美德，交通规则内化成孩子遵守各种社会行为约定的习惯等。

1. 熏陶、引导铺垫的成长规则

熏陶、引导是孩子在婴幼儿阶段家长为其铺垫成长规则最主要的方式。婴幼儿会通过日常对父母、家人的模仿，去接触自信、善良、热情、礼貌、尊重、勤劳、勇敢等素养。他们当然不可能明白这些素养的内涵和外延，仅仅是本能性地模仿，但正是这些无意识的行为，成为他们建立自主成长的第一步。

2. 通过对故事、阅读与影视动漫的模仿铺垫成长规则

除了父母在日常生活中的熏陶、引导，孩子还会通过故事、阅读与影视动漫等媒介进行模仿，家长可以借助这一契机，对其成长规则的建立进行铺垫。

　　父母可以选择一些涉及成长规则的经典绘本、故事书和影视动漫素材，让孩子在阅读和观影过程中接触那些规则。由于这些媒介通常会设置可爱的人物形象和有趣的故事线，能引发孩子的兴趣，更有利于他们对内容进行消化并形成模仿。故事、阅读与影视动漫对成长与成长规则的铺垫与强化作用，即在于此。

3. 利用关注、奖惩行为夯实孩子的成长规则

　　父母家长的关注、鼓励、表扬、批评、惩罚等是对孩子成长行为正确与否的直接评判，对成长规则的树立起着很大的引导作用。

　　众所周知，对任何一个组织来说，无论是政府、企业，抑或军队、团体，奖与罚都是管理的必要组成部分，若没有奖惩制度，组织就无法生存，无论这个组织有多少人，干多、干少、干好、干坏都一视同仁，人们自然会缺少工作积极性与主动性，更谈不上动力和约束。同理，一个孩子在成长的过程中，需要褒奖，但也离不开必要的惩罚。奖惩分明才能够真正促进孩子的健康发展。

4. 家庭、学校、社会氛围对建立成长规则的重要性

　　家庭、学校、社会环境中随处可见成长规则，三者的氛围对孩子在成长过程中产生的归属感追求、价值感追求，具有巨大的影响力。

5. 朋友圈对建立成长规则的影响力

　　随着自主意识与自主能力的逐渐提升，同龄伙伴们对孩子成长的影响力逐渐加强。由于趋同、合群等心理作用，孩子很可能会效仿朋友的行为举止。因此，一个良好的朋友圈对孩子的成长影响至深。

6. 家长、老师通过教育铺垫的成长规则

　　这是传统教育所主张的成长规则铺垫与强化方式，即通过父母、老师的

阐述、灌输、要求等让孩子学习并接受的成长规则。

此种教育引导方式具有良好的直观性与针对性，在亲情与权威的加持下，注意一定的方式技巧，这种传统的教育效果非常明显。切忌采取宣讲、填鸭、命令等传输方式，这些粗暴的行为极易引起孩子的反感，反而极易导致孩子出现逆反心理。

7. 成长边界规则

成长边界规则是成长规则的重要组成部分，是成长规则的底线，一旦超出底线规则，孩子很可能对自己或他人造成伤害，包括肢体、精神等多方面的伤害。

生活中常见的成长边界规则可以通过以下方式获取：

肢体边界规则塑造：与父母进行打闹游戏是最好的塑造方式，让孩子体验相互打闹的轻重感受，告知打闹过重可能给彼此双方带来的疼痛甚至伤害，要学会在游戏中把握分寸，同时还要做到自我保护，以此避免在类似的情境中做出伤害行为。

健康边界规则：健康边界是指不对自己与他人的健康造成危害，要知道哪些东西不能吃，在不清楚能否食用前，必须先请教家长或其他成人。健康边界规则一般通过家长的阐述解说、奖罚制度等方式帮助孩子得以建立。

安全边界规则：是指涉及孩子自己或他人人身安全的底线规则。安全边界规则包括交通安全边界（走人行道、不闯红灯、危险道路边界等）、日常危险源安全边界（不玩火与用火安全边界、涉水安全边界、远离电源与用电安全边界、刀具安全边界、动物伤害安全边界等），安全边界规则一般在日常生活事务与玩乐游戏中由父母家长引导铺垫，对孩子成长引导的"首三次"原则，或轻微体验式的小后果感受（如触摸热水瓶、触摸热源等）能够让孩子及时形成良好的安全边界规则。

自尊边界规则：是指对他人的尊重，以及在做对触及他人（包括父母、家人）自尊与尊严的事情时需要遵守的规则，包括行为检点、保持分寸、言语得当、平等相待等。

输赢边界规则：是指与他人娱乐或比赛中对输赢的坦然认定。一般通过家长的熏陶引导、"小后果"体现、故事与阅读强化、关注与奖罚等方式来获取。输赢边界是与他人良好相处的前提。

8. 成长规则的内化

以上所有铺垫都是外在因素的影响与塑造，属于外在主导的成长规则。

自主是成长的基础，在自主意识逐渐强化的过程中，孩子会对成长规则认可、接受进而内化为素养与习惯。

成长规则内化是规则养成的重要环节，是形成良好素养的前提，亦是良好习惯养成的前提。

二、成长敏感期

古诗有云："一夜南风起，小麦覆垄黄。"意思是，若不抓住小麦收割的黄金时期，过后就是大风降温和阴雨连绵，可能导致减产，甚至颗粒无收。孩子的成长也是如此，为人父母者一定要紧抓孩子成长的敏感期进行教育，一旦错过，孩子后期的发展会面临很多痛苦，多走很多弯路。

何谓成长敏感期？人类对某种行为、技能、技巧及认知能力的掌握，都有一个发展最快、最容易受影响的时期，该时期，孩子对一定的物体或练习活动表现出高度的积极性和兴趣，反复操作，满足自己的内心需要，我们便将这个时期称之为"敏感期"。如果家长在这一时期给予孩子足够的关注并提供良好的环境和刺激，就会产生非常好的效果。但这个时期十分短暂，一经消退就不会再来。

1. 安全感敏感期

安全感敏感期是为孩子铺垫安全感的关键时期。安全感敏感期一般为0~3岁阶段。其实，在妊娠晚期胎儿已经具有了初步安全感，作为家长，从孩子出生的一刻起就要保护并强化他们这种宝贵的安全感。

安全感敏感期，家长应该做到如下几点：

采取科学的分娩方式，做好生产过程中的保护措施，防止新生儿收到各种伤害；

用爱陪伴、用心呵护，杜绝各种外界刺激导致的伤害；

强化并提升孩子的安全感。

2. 自信敏感期

自信敏感期一般是0~4岁阶段，是塑造孩子初始自信的最佳时段。

自信敏感期，家长应该做到如下几点：

做好安全感基础铺垫；

帮助孩子获取更多快乐的情绪；

帮助孩子获取更多成功和能力；

给予孩子更多的关注、微笑、肯定、赏识；

多鼓励，少否定，避免批评，杜绝打骂。

3. 动作敏感期

动作敏感期为1~4岁阶段，主要表现为吮手、动手、抓握撕扯、爬走跑跳等，此阶段为手脚灵活、协调、力量的发展最佳时段。

动作敏感期，家长应该做到如下几点：

在做好卫生、安全的前提下，放任孩子吮手、抓握、吃饭等行为的尝试；

在做好防护的前提下，放手孩子摸、爬、滚、打等大动作的尝试；

让孩子随心所欲地活动，充分开发四肢尤其手部的灵活、协调能力，增强力量方面的训练。

动作敏感期的良好发展对大脑发育起到的促进作用不可估量。

4. 自我意识敏感期

自我意识敏感期一般是1~3岁阶段，主要表现为喜欢说"我的"，认为喜欢的东西就应该是自己的，要尽量据为己有。此阶段是孩子自我概念与自主意识形成的初始阶段。

自我意识的形成是孩子自主发展、自我成长的前提与基础。

自我意识敏感期，家长应该做到如下几点：

一旦发现孩子形成关于"你的""我的"的意识，随时随地都可进行"你""我"的区分，并进一步强化这一概念；

在不影响原则的情况下，让孩子尽可能地多做主，尽量尊重或部分尊重他们的意见；

在孩子的意见不能被采纳时，也要给予耐心地解释与引导，要维护好孩子的自主积极性；

孩子在一两岁时会出现一些展现"自私"的行为，这是自我意识强化的一种自然表现，应予以理解与引导；

不哄骗孩子；

不从孩子手中抢夺东西，需要时可用他们更喜欢的东西进行交换，满足孩子的"占有"欲望；

1~3岁阶段，孩子会出现"打人"现象，成因很多：如精细动作发展不成熟，本是想轻拍对方肩膀，谁承想就变成了打肩膀；孩子太小，还不懂得正确的情绪表达；或是语言发展未够成熟，情急之下就只能"动手不动口"。总之，这是一种极为正常的现象，家长无须大惊小怪出手干预，应予以理解并做适当引导；

尊重孩子的决定和做法，做得好及时予以肯定与赞赏；做得不足也要第一时间予以理解、鼓励、帮助，少否定，少批评，杜绝打骂。

5. 模仿敏感期

模仿敏感期一般在 1~4 岁阶段，孩子主动模仿学习是该阶段的重要成长标志。

处于这一时期的孩子对父母的一切言行举止都很关注，甚至说话的语气、流露出的气质与思维方式也都成为他们模仿的素材。《儒林外史》中有云"汝父之肖子"，指的是在志趣等方面与其父一样的儿子。其实，孩子与父母在脾性、爱好等方面高度相似并非都因遗传所致，更主要原因是孩子自小耳濡目染父母的言行举止，自然备受影响，潜移默化为自己的专属。

模仿是孩子学习的第一步，模仿能力也是学习能力的重要组成部分，需要家长的鼓励与引导。

模仿敏感期，家长应该做到如下几点：

鼓励孩子自主进行模仿，同时也要注意在孩子面前保持良好的言行举止，对于孩子负面的模仿行为要及时干预，并做出正确的引导；

尽量以平常心看待孩子的模仿行为，不必刻意关注；

和孩子一起模仿让他们感兴趣的行为，如模仿动物的声音、行为，他人舞蹈动作等，帮助孩子提升模仿能力；

在模仿学习的基础上，引导孩子的兴趣特长。

6. 兴趣敏感期

兴趣敏感期一般出现在 1~4 岁阶段，对周遭一切都充满兴趣和好奇是该年龄段孩子的重要表现。该时期是他们产生兴趣、培养兴趣、拓展兴趣的最佳时期。

兴趣敏感期，家长应该做到如下几点：

放手让孩子自主发现兴趣点所在，和他们一起做其感兴趣的事，并予以鼓励和支持；

在产生兴趣的基础上，培养孩子的专注力与思维能力；

鼓励并帮助孩子对新鲜事物进行探索与尝试。

7. 秩序敏感期

秩序敏感期一般出现在 2~4 岁阶段。该时期是孩子主动摸索、建立秩序的关键时期。由于该年龄段孩子的心智发育不够成熟，在建立秩序的过程中会流露出明显的任性与固执，甚至唯我独尊的霸道情绪，不管对错都要按照他的规则来。如孩子坚持由自己开门，否则就会大哭大闹；和家人一起出门，若妈妈走到前面则必须退回来，由他走在最前面，不然定会哭闹不休……类似的执拗行为五花八门，父母会一下子摸不着头脑，不明白一向温顺听话的孩子为何忽然间情绪失控，无理取闹，以为叛逆期提早到来了。其实，这是孩子自我意识得以强化的一种表现，是心智健康成长的必然过程，亦可被视为孩子成长过程中第一个叛逆期。对此，家长无须过度焦虑，在不违背原则的情况下可以适当顺应孩子的要求，等到孩子的情绪平复之后，再做出正确的引导。

秩序敏感期，家长应该做到如下几点：

营建紧密和谐的亲子关系，充分赢得孩子的信任，以便他们在情绪激动之际也能在一定程度上听取父母的意见；

在孩子表现出执拗、逆反时予以理解，在不违背原则的情况下尽量尊重孩子意见与方案；

如果孩子的做法确实不当，应在孩子情绪平复时婉趣地进行疏导，尽量用孩子能够接受的方式进行纠偏，避免批评，杜绝打骂。

8. 语言敏感期

语言敏感期一般发生在 1.5~3 岁阶段，该时期，孩子的语言能力发展迅速，是帮助孩子建立良好语言习惯的最佳时段。如标准化、清晰化发音、拓展词汇量等，为日后的语言组织能力和表述能力做铺垫。

语言敏感期，家长应该做到如下几点：

三月龄起可以引导孩子的进行简单的交流（咿呀之声），开启说话的大门；

半岁起可以播放童谣、儿歌等音频素材，营造良好的听说氛围；

当发现孩子有意识要发音说话时，积极做出回应，与之进行简单、慢速、吐字清晰的交流；

对孩子说的要用心听、耐心听；

一岁起给孩子多讲故事，与之共同阅读；

每个孩子的发育情况有所不同，有的快点，有的滞后，家长不应对此操之过急，让孩子按照自己的节奏稳步发展。

总之，在语言敏感期，为人父母者应该与孩子多多交流，培养彼此交心的习惯。

9. 大脑发育敏感期

大脑发育敏感期为 0~3 岁阶段，孩子脑容量从出生时约 350 克左右（约占成人脑容量的 25%），发展到 3 岁时的 1000 克左右（约占成人脑容量 80%）。此阶段是人类大脑发育最快、最关键的时期。

大脑发育是智力发展的生理基础，没有良好的大脑发育，后续的思维能力与智商发展都会受到制约。

现代医学证明，均衡的营养与适当的运动对大脑的发育起着重要的促进作用。

大脑发育敏感期，家长应该做到如下几点：

保证孩子日常均衡的营养摄入；

鼓励孩子多多运动，包括发展大运动，提升精巧运动，提升四肢手脚的活动能力与协调能力；

保护孩子头部不要遭受物理性损伤，做好疾病预防；

多给孩子做一些益智类活动与思维拓展训练；

为孩子营造积极向上、温馨和谐的家庭环境，避免苦闷、消沉等负面情绪的流露。

10. 思维敏感期

思维敏感期一般为 2~5 岁阶段，是孩子思维建立条理性并快速发展的时期。

好奇、好问、好琢磨是孩子在该时期的重要表现，而思维习惯会在思维敏感期后的 6 岁左右基本形成。

思维敏感期，家长应该做到如下几点：

1 岁起带孩子多参加户外活动，鼓励其多观察周遭事物，引导其学会思考；

2 岁起给孩子多讲解有关自然科学的绘本或故事，尝试与孩子进行交流探讨，引导其放飞思维；

引导孩子进行玩具的分类整理，并向物品分类过度，培养做事有条理的习惯；

3 岁起进一步拓宽科技类读物的范围，尝试与孩子进行深度探讨，耐心回答他们提出的问题，并引导其多问多想；

对孩子进行简单的反问，锻炼其观察与分析能力；

对孩子做得好的事情予以关注与肯定，做得不足的要予以鼓励、指导，避免批评，杜绝打骂。

三、婴幼儿阶段成长的心理特征

孩子成才与否更多取决于先天遗传，还是后天养成？孩子是天生勤劳，还是天生懒惰？逆反的本质是什么？这些成长心理的认定，决定了孩子自我成长教育的方法与要点。

1. 具备良好的安全感与自信，孩子才可能赢得各方面的优质发展

当下，绝大多数父母都极为重视早教、胎教，不愿让孩子输在起跑线上，从幼儿阶段起就把孩子送进各种早教班、才艺班，将孩子推给所谓的专业人士，认为这就是给孩子提供了最好的成长铺垫。其实，并不是这样。依据自我成长教育理念，孩子的所有素养养成都是建立在自身良好的安全感与自信基础之上的。而安全感与自信的树立则要以良好的家庭环境为温床，以家长的引导和熏陶为抓手，激发孩子的自身的成长欲望和动力。

2. 成长的核心是培养良好的素养与习惯

生活中，很多家长把培养良好的学习能力视为孩子成长的核心追求，其实，这种能力的获得与提高绝大程度上也有赖于平时良好的素养和习惯。

如专注、乐观、自律、严谨认真、不骄不躁、持之以恒、思维条理清晰等，都是形成良好学习能力的重要因素。只有率先打造好个人素养、培养好生活习惯才谈得上更多的成长追求。

3. 自主是孩子的天性

永远记住——自主是人类的天性！从出生后的自主吮吸，到首次自主吮手，自主吃饭、自主爬行、自主行走……这些行为无不体现着孩子在对自主的渴望和争取。随着成长的渐进，他们对自主的追求会更加强烈。如果家长发现自己的孩子过于依赖与懒散，不用怀疑，一定是大人的做法出了问题，过度呵护与大包大揽是导致孩子缺乏自主意识的祸根所在。

4. 孩子是极守规则的

很多家长认为孩子是不守规则、不讲规则的。事实恰恰相反，孩子来到这个世界，内心根本没有任何规则可言，在自主行为时，必定会按照他们已知、认可或经历过的规则行事。

孩子不是不懂事，只是他"懂事"的行为规范目前还与成人的标准不一致，还没学会成人那套复杂多变的体系而已。

所以，孩子是极守规则的！

现实中不守规则、没有规则意识的孩子确实不少，但这种都是由于家长错误的教育引导导致的成长问题。

即使孩子处于最不守规则的执拗期，其本质也是：我认为事情就应该是这样做的！

5. 好奇心是块宝

好奇是孩子的本性，但仍有家长抱怨自己的孩子缺乏好奇心，进而没有进取心，整个人懒懒散散的。这多是家长习惯大包大揽，没有学会放手所致。有家长尤其是祖辈会自有一套理论，如放手让孩子自己吃饭，他们会把餐桌搞得一片狼藉，还吃不了多少，除了要收拾残局，还要再把他们喂饱，既麻烦又耽误时间，得不偿失，还不如赶快给他们喂饱拉倒了事。殊不知，正是因为大人自己为了省事，剥夺了孩子一次又一次走向自主的机会。由于缺乏对新鲜事物的接触，孩子与生俱来的好奇感也会随着外界刺激的减少，变得越来不敏感。好奇感的减弱直接导致孩子缺乏勇于探索和接受挑战的精神。

因此，家长不妨给孩子多一分耐心和信任，鼓励他们尝试力所能及的事情，如让他们分担一定的家务，做得好大加赞赏，做得不好也予以鼓励，你会发现每一个孩子都是勤快热心的"小蜜蜂"。千万不要让大人的懒导致了孩子的懒！

6. 孩子是勤奋、上进、喜欢挑战的

很多家长认为，孩子弱小，各方面能力差，懒散不愿动手，对于挑战与上进尚无概念。

而事实是，孩子虽然弱小，但好动是他们的本能，好奇是他们的本性，孩子对于力所能及的事务是尤为热衷的，对于自己可能"够得着"的挑战是勇往

直前的（如安全感良好的孩子敢于抓小猫小狗，自信良好的孩子勇于竞争）。

对于安全感与自信良好的孩子，在游戏玩乐、生活事务、早期学习中，勤于动手、追求上进、喜欢挑战等表现都是很明显的。

对于缺乏安全感、自信的孩子，以及父母不放手与打骂压制的孩子，则这些方面的表现会很差，甚至会表现为更多的懒散、胆怯、畏缩、逃避等。

7. 逆反的本质是表达自主

孩子成长过程中会遭遇两个逆反期，一个是在 2~4 岁的秩序敏感期，另一个是 12—14 岁阶段的青春期。

很多家长谈"逆反"色变。其实，逆反也是孩子自主意识与自我规则的表现之一，是一种与客观要求相对立的情绪。为什么会产生这种情绪呢？原因非常多，具体到以上两个逆反期，主要是因为孩子的认知水平有限，没有理解到客观要求和自身成长以及进步的关系，而将之视为对自己的限制，故而产生抵触情绪，并不是存心和家长作对或捣乱。家长不应将孩子的在特殊年龄段的逆反行为视为过错，进行粗暴的棍棒教育或言语训斥，以免物极必反。

另外，还有一种逆反心理值得关注。众所周知，孩子都渴望获得家长的认可与赞赏，希望通过自己的努力和成绩引发他人的关注。若他们发现无论怎样努力都得不到想要的回应时，就可能做出一些逆反的行为，以博取父母的眼球。这其实是一种对爱的渴望的表现。

因此，面对处于逆反期的孩子，家长的正确做法是要尽量予以理解，多倾听孩子的想法；建立良好的沟通；关注孩子的变化；分清主次问题，如果不是原则问题，不用管得太死；帮孩子端正态度，要相信孩子在家长耐心地陪伴下能够度过这个特殊的时期。

8. 成长是一个需要反复摸索的过程

很多父母崇尚说教，孩子犯了错，就会摆出一番大道理，以为他们就能心领神会，而且也应该心领神会，并引以为戒；如果再出现相同的问题，就会认定孩子是在刻意与自己作对，或是绝望地判定孩子"无可救药"，进而失去耐心，采用简单粗暴地棍棒方式惩戒"明知故犯"的孩子，给稚嫩的心灵带来巨大的伤害。

要知道，成长不是一条直线，是一个需要反复摸索的过程，起起伏伏不可避免。因此，作为家长不能要求孩子像机器人一样，按照输入的程序丝毫不差地运转，要接受他们试错，在反复修正中不断深化认知，进而内化为自我成长的能力。

9. 防微杜渐，要警惕日常中的小毛病

成长是一个不断累积的渐进过程，很多发生在早期的小毛病极易被忽略，有的家长会认为这些瑕疵无伤大雅，或是等孩子大些再纠正也来得及。殊不知，一念之差往往可能埋下巨大的隐患，星星之火可以燎原，不过是时间问题而已。比如孩子出生后因病痛或父母溺爱等原因形成了过度依赖，不能独睡、需要抱睡、不能片刻离开大人等。若这些情况得不到改善，长此以往，孩子会形成胆小、不自信、患得患失的性格，严重影响日后的学习、生活、人际交往。观念是可以改变的，但是性格一旦形成，基本是不可逆的。身为家长，要懂得防微杜渐，警惕日常中孩子不经意间流露出来的小毛病，及时纠偏，不要放任。

10. 成长更多依赖后天抚养

我们要始终相信孩子的成长更多依赖的是后天抚养，而非遗传。自我成长教育课题组曾调研过不少孩子从小过继给他人抚养的案例，发现大多数继养孩子在性格、双商、思考方式等方面都与养父母高度相似，甚至连长相都很接近。

孩子从出生（特别是半岁后）起，一直在感受父母的熏陶引导，并对父母的言行举止、思维习惯进行模仿，这是他们性格脾气、情商智商、思维方

式等与父母高度相似的主要原因。此外，父母对孩子行为的关注与奖惩、倡导等会给孩子的成长带来进一步修正与强化，使得其素养、习惯等多方面出现与父母高度相似的现象。

越来越多的育儿专家与教育工作者认为，后天的养育环境和抚养人对孩子的成长更具有决定性因素。

11. 孩子可能会以逆反、捣蛋甚至破坏行为博取关注

孩子渴望父母家长的认可与肯定，希望以自己的"出色"与"优秀"获取外界的关注。如果努力了却未得到所渴望的关注，孩子很可能会以逆反、捣蛋甚至破坏行为来博取父母家长的关注与爱（没有关注就不会有关心，缺乏关心的孩子就无法感受到爱）。

生活中，这样的情况很是多见，当努力表现无法得到父母关注时，不少孩子会采用逆反、捣蛋甚至破坏行为来博取关注（当然，父母的打骂等伤害往往会导致更加严重的叛逆与捣蛋）。

对于在成长中渴望爱和关注、追求良好归属感的孩子，父母家长应及时给予爱、关注、鼓励、帮助，适度放慢放低对孩子的成长要求，令其逐步取得认可、获得进步、构建成功。

当然，过度关注则会让孩子形成虚荣心，单纯为了获得关注而努力，忽视自主成长，应予以规避。

第三章

婴幼儿阶段素养的初始养成

　　素养是素质的基本元素，素养是习惯的核心，安全感与自信是最基础的素养根基，0岁起的成长铺垫主要就是塑造良好的安全感与自信，在此基础上通过父母熏陶引导等措施铺垫良好的素养，打造孩子良好成长的内在根基。

　　很多父母只注重培养孩子听话与礼貌，关注其智商发展与知识的积累，而对最根本的安全感、自信没有太多认知，对系统的素养培养、成长规则铺垫、成长动力铺垫没有太多关注（更无系统关注），对成长伤害缺乏规避意识。孩子的成长在很大程度上取决于家庭教育方式的局限性与偶然性，取决于孩子本性的偶尔改变，家长缺乏系统性的教育思路与手段。于是，太多孩子的成长被无视、被耽搁，甚至被扭曲，不能不令人感到可惜。

系统的素养培养，包括安全感、自信、爱心、善良、主动、热情、礼貌、耐心、积极上进与勇敢坚强、诚信自律、遵规守诺、严谨认真与谦虚、责任担当与勤劳吃苦、恒心毅力、专心专注、条例思维等方面的养成。

孩子的素养从 0 岁起开始铺垫（特别是安全感），在 3 岁初步养成，在 6 岁左右基本养成。

一、素养的成长促进

很多父母发现，在没有外在要求下，不少孩子会发自内心地上进，习得礼貌、勇敢、坚强等品质，这些发自内心的惯性就是内在素养，即素养。

素养包括安全感、自信、爱心善良、主动热情礼貌尊重、性格脾气与耐心、积极上进与勇敢坚强、诚信自律与遵规守纪、严谨认真与谦虚、责任担当与勤劳吃苦、恒心毅力、专心专注、条理思维等方面。

1. 素养的分类

素养是指由模仿学习、训练和实践而获得的个性特征、心理能力与品格修养。

素养是个体的心理惯性，是素质的基本元素。

素养是成长的核心。

素养可分为基础素养、自律素养、待人素养三部分。

其中，基础素养是素养的基础，是个体内在最基础的心理能力，包括安全感与自信。

自律素养是指个体内在具有的自我心理约束能力，主要包括自主独立、勇敢坚强、性格脾气与耐心、自律自强自尊、积极上进、责任担当与勤劳吃苦、严谨认真与谦虚、恒心毅力、专心专注、条理思维等方面。

待人素养是指个体对待他人具有的道德能力，主要包括爱心善良、主动热情、礼貌尊重、诚信、遵规守诺等方面。

2. 素养的成长作用

素养是心理惯性，是个体个性特征、心理能力与品格修养。

显而易见，素养是一种状态（安全感），是一种心态（自信），是一种品格（礼貌尊重等），是一种能力（自主独立、专心专注等）。良好素养决定着相应的良好习惯，各方面的良好素养构成一个人的良好素质。

在良好素养基础上，孩子一般能够拥有各种良好的习惯和能力。若拥有良好的自信，孩子一般都能积极上进，勇往直前；若拥有良好的自律与恒心、毅力等，孩子易做好饮食与锻炼的规律化，一般能够拥有良好的体质与健康；若拥有良好的条理思维素养，孩子的智商发展一般会比较突出；若在专心专注与思维条理素养基础上铺垫良好的阅读，易塑造孩子良好的学习兴趣与学习能力；若拥有良好的性格与责任担当、勤劳吃苦等品质，孩子通常会具备较好的为人处世与待人接物的能力。

良好的素养就是良好的成长，良好素养就是良好成长的核心。

拥有良好素养的孩子将在未来成长得更为出色与优秀。

3. 素养与综合素质及能力

素养是综合素质的基本元素，培养孩子良好的素养就是培养良好的综合素质。

素养也是一种能力，如主动热情、自主独立、勇敢坚强、诚信自律、遵规守诺、自强自尊、积极上进、严谨认真、谦虚、责任担当、勤劳吃苦、恒心毅力、专心专注、条理思维等，都是个体的能力。

鉴于此，为避免重复性，自我成长教育主要对素养养成进行分析，对相应能力不再重复探讨。

4. 素养与成长规则内化

素养必须建立在良好的成长规则之上，良好的素养本身就是良好的成长规则，如主动热情、责任担当素养本身就是社会的成长规则。

素养是孩子已经接受、内化了的成长规则。孩子不认可、不接受（含无意中熏陶接受）的规则永远是外在要求，而无法成为孩子的内在素养。

成长规则影响素养，素养取决于成长规则的接受与认可，取决于规则内化。

5. 婴幼儿阶段素养的养成

婴幼儿阶段素养的养成，是在父母家长良好的爱与熏陶引导下逐渐铺垫而成的。

模仿学习是素养养成的主要手段。

由于婴幼儿（特别是早期的婴儿阶段）的自主能力处于起步阶段，他们很难理解父母示范的道理与规则，而直观的模仿对他们来说是最有效的学习方式。婴幼儿的素养养成取决于其对父母行为的模仿。

模仿学习的参照标准是父母的熏陶引导，孩子早期素养的好坏取决于父母的熏陶引导。

对于婴幼儿阶段素养的模仿养成，良好的安全感与自信是基础，没有良好安全感的孩子难以做到安心、静心；没有良好的自信的孩子难以用心模仿、用心学习。

婴幼儿阶段的素养从 0 岁开始铺垫培养，在 3 岁左右初步养成，在 6 岁左右基本养成，在小学阶段强化并初步稳定，在中学阶段提升并基本定型。

孩子素养发展不足时的强化与纠偏，需要在日常生活的游戏中加以引导。

安全感与自信的不足是导致很多其他素养不足的根源，如果存在此类问题，需先进行安全感与自信的强化，才可能取得其他素养的良好修正与纠偏。

6. 赢在起跑线上的秘籍是素养（与习惯）的良好养成

叶圣陶先生曾把教育通俗地定义为"教育就是养成习惯"，这里的"习惯"其实就是自我成长教育中强调的素养与习惯。

当下中国，太多家长早早准备，生怕孩子输在起跑线上。各种早教班、兴趣班、知识技能班热闹非凡，孩子的闲暇时间基本被这些五花八门的培训班所占据。虽然不少孩子对相关课程兴趣盎然，并培养出相关的特长，但更多孩子因兴趣不足或方法不当而被逼迫得苦不堪言，由此导致负面情绪丛生，甚至导致终生对该行业的抵触与逆反。

　　殊不知，对孩子而言，除了早期素养习惯与成长规则铺垫，大多所学知识对成长的作用较为微弱，用逼迫手段不仅可能导致孩子的反感与自信的打击，还易造成其思维的木讷与学习态度的涣散，给成长带来巨大伤害。

　　从成长的另一个角度看，安全感、自信、爱心善良、主动热情、礼貌尊重、性格脾气、自主独立、勇敢坚强、诚信自律、遵规守诺、自强自尊、积极上进、严谨认真、责任担当、勤劳吃苦、恒心毅力、专心专注、条理思维等素养，对孩子的成长与未来的成才、成功铺垫作用巨大。特别是一旦错失0岁起安全感与自信的良好铺垫，孩子的优秀成长将很难打造，甚至造成无法扭转的成长伤害而毁损孩子的一生。

　　赢在起跑线上的秘籍，就是0岁起对安全感和自信进行良好的铺垫，以及在此基础上培养起良好的素养与习惯。

二、安全感

　　有的孩子天生内心强大，有的孩子内心惶恐胆怯，天差地别全在于安全感是否足够。

　　大多教育工作者对成长中安全感的重要性都很重视，但安全感培养怎样开启、从什么时候开启，目前并无定论。

　　通过对众多育婴师、新手妈妈的访谈调研发现：分娩前被良好呵护的胎儿在子宫内一般都待得很安稳，出生后也不会显得不安，而受到干扰惊吓的胎儿可能在出生后显得心神不宁。新生儿如果受到巨响或强光这样的惊吓，在很长时间内都会感到恐惧不安，缺乏安全感。

　　自我成长教育专家根据以上现象，结合相关心理学理论研究发现：孩子在胎儿期安全感已初步养成，在出生后得到强化；出生的第一声啼哭大多是新生儿因子宫环境改变的恐惧不安而啼哭，不少是助产士拍打不哭的新生儿让他惊吓而啼哭——孩子的第一声啼哭更多的是寻求安全感的表现。

自我成长教育理论认为，安全感（最早的生理安全感）与生俱来，在胎儿期已初步具备，在生产过程中与出生后要尽量避免伤害，然后在父母家人的呵护中得以强化和提升。

打骂、惊吓等伤害行为与强制、逼迫行为容易对安全感的构建与发展带来严重伤害。

孩子安全感敏感期为 0~3 岁阶段。

1. 婴幼儿阶段安全感的巨大作用

安全感一般指心理安全感，安全感是孩子成长（特别是婴幼儿成长）的心理基础。

安全感是自信的基础，缺乏良好安全感的孩子无法构建自信。

安全感是所有素养的基础，没有良好安全感，孩子的亲情、依恋、良好性格、勇敢坚强、专心专注等素养均难得以塑造。

安全感对孩子成长早期心理健康的铺垫尤其重要，特别对于新生儿和婴儿，如果缺乏安全感，其日常的吃、睡、玩及身体健康都会受到明显影响。

孩子出生起的安全感是纯粹的生理安全感（简称"安全感"），随着社会性活动行为的增加，3 岁后孩子的社会化安全感（归属感）也会逐步增加，一般在中学阶段之后归属感（社会安全感）逐步占据主导。即使归属感占了主导地位，心理安全感永远是基础。

2. 婴幼儿阶段安全感不足的表现

婴幼儿阶段安全感不足的现象比较常见（尤其农村孩子安全感不足的现象较为普遍），生活中主要表现为：

心神不定是安全感不足的基本表现；

睡觉易惊悸惊醒；

眼睛无神，眼神中常流露出不安甚至恐惧；

胆怯，怕黑；

喜欢无端哭闹；

很少笑；

特别依赖、认生等。

若非身体病了，以上现象很可能是安全感不足的表现。

3. 婴幼儿阶段安全感不足将导致成长问题

很多家长对安全感的认知不足，认为孩子生下来偶尔被惊吓，遭遇小磕碰、小伤害是寻常小事，只要不出现皮肉之伤就无大碍，即便孩子出现了明显的情绪上问题也熟视无睹。

而事实却可能是：若出生后受到惊吓等伤害会导致孩子的安全感不足，月子里可能会特别闹、特别需要依赖；半岁左右开始显示出怯弱与不自信；一岁左右明显表现出认生、胆小与怕黑；二三岁开始表现出内向，逃避与人交流沟通；幼儿园阶段会出现明显的交流障碍，性格越来越怯懦；小学阶段难以融入集体，甚至因此而遭欺负，学习方面很可能因不自信而畏难，甚至逐步丧失对学习的兴趣，导致学习成绩下降，令孩子缺乏对学校的归属感；由此，孩子的成长被降档降格，甚至形成劣性成长的恶性循环。

若孩子在成长过程中长期遭到惊吓或打骂等伤害，则基本没有安全感可言，会给自信与其他素养的养成带来不利影响，给成长带来伤害。

4. 造成婴幼儿阶段安全感不足的原因

造成孩子安全感不足的原因主要包括以下几方面：

胎儿伤害：指胎儿期受到的伤害，如胎儿不健康、体弱、有病痛、受惊吓等。

生产伤害：指生产过程中受到的伤害，如早产、难产、生产不畅等。

环境伤害：指出生后所处成长环境不佳所致的伤害，最常见的有声响惊吓、强光伤害、冷暖异常伤害、噪音伤害等。

成长伤害：指成长过程中的各类伤害，如动物追咬、人为惊吓、摔伤碰伤等，其中父母发火、谩骂威胁、冷暴力等带来的伤害尤其严重。

缺爱的伤害：指成长过程中孩子需要、渴望得到的爱不足或缺失，如缺少拥抱、爱抚、亲吻等必要的肌肤之亲；缺少父母的陪伴等。

此外，孩子的体弱多病也是安全感不足的一个原因。

5. 婴幼儿安全感养成要点

婴幼儿安全感养成须做好以下几方面：

做好胎儿期保护与良好生产

从胎儿期（特别是孕龄 7 个月后）就要努力维系胎儿的健康，多与胎儿对话，适当听些胎教音乐，尽可能打造孕妇的愉悦心情，进而铺垫胎儿的健康心态，做到杜绝声响、强光、生病、冷热刺激等伤害的行为。

做好科学分娩措施，尽量采取自然分娩，尽可能杜绝生产伤害。

从新生儿特别护理起做好 0 岁成长

新生儿是一个人来到这个世界的初始阶段，由于外界环境与母亲子宫的环境差异巨大，父母应尽可能从孩子出生的一刻（0 岁）起做好新生儿保护与成长呵护。

新生儿特别护理包括提供舒适的衣被条件，及时做好哺乳喂养，做好母爱怀抱与肌肤爱抚、足够的陪伴等，同时尽可能避免各种可能的伤害，具体内容前面章节已有阐述。

0 岁成长主要是在良好的保护、爱、陪伴、呵护等氛围下对孩子的安全感进行保护与强化，在此基础上通过逐步放手、帮助、鼓励、认可等方式培养孩子良好的自信，同时通过熏陶、引导等方式对孩子的良好素养、习惯进行铺垫。

0 岁成长从良好的新生儿护理开始。

Chapter 3

❧ 做好爱与亲情的铺垫 ❧

爱（包括陪伴、呵护等）是强化安全感的重要手段，包括抚摸、陪伴、关注、沟通交流等形式。

良好的亲情铺垫建立良好安全感的重要保障。在爱的基础上与孩子进行眼神交流、咿咿呀呀的沟通等，都可以帮助孩子建立良好的安全感。

❧ 做好安全感敏感期的铺垫与强化 ❧

0~6岁阶段是孩子安全感铺垫的最重要阶段（安全感敏感期）。在该时期要做好对孩子的爱（包括陪伴）与呵护，尽可能避免各种伤害，在婴幼儿阶段塑造良好的安全感。

❧ 杜绝打骂等伤害 ❧

成长过程中，父母对孩子的不搭理、不关注、情绪化、打骂以及无法提供满足孩子健康成长所需的情感等，都可能对他们的心理发展带来打击与巨大的伤害。

由于婴幼儿阶段孩子的安全感尚不健全，应尽量避免令其接触涉及鬼怪的恐怖故事。如果孩子听到恐怖故事而感到紧张害怕，父母应予以及时的安抚和疏导。

很多孩子经常会做涉及鬼怪的噩梦，父母可以尝试陪孩子强身健体，尽量不给孩子压力，帮助他们构建愉悦心情。还可以和孩子经常讨论梦境，以心理暗示的方式告诉孩子再做噩梦时，可邀请爸妈化身英雄来到他们的梦中助力，这对化解噩梦给孩子带来的刺激能够起到良好的效果。

杜绝打骂等伤害是孩子良好安全感铺垫与强化的重要前提。

❧ 家庭氛围与朋友圈的安全感养成促进 ❧

良好的家庭氛围、学校氛围、朋友圈氛围，能够让孩子获得更多安心，对孩子安全感的养成、健康成长有重要的促进作用。

不良的家庭氛围、学校氛围、朋友圈氛围很容易导致孩子的不安、焦躁、惶恐等负面情绪，不利于孩子良好安全感的养成与强化。

6. 安全感的不足强化

孩子缺乏足够的安全感时，父母应对其给予更多的爱、陪伴、呵护与保护，以强化他们的安全感。

此外，杜绝伤害是安全感强化的重要保证。

安全感的建立需要家长的引导，对安全感不足的孩子，若只简单地教养甚至打骂，只会使得他们的安全感进一步遭到破坏。

7. 婴幼儿阶段安全感养成与强化的日常要点

安全感与生俱来，同时也很脆弱，做好胎儿健康护理、生产保护、新生儿呵护，多关注孩子，多鼓励帮助孩子，少否定、少批评，杜绝打骂。

安全感培养的日常要点具体包括以下几方面：

尽量充足的孕前准备，做好孕妇健康与营养保障，尽量保证胎儿健康；

做好孕期（特别是近产期）的胎儿保护，确保胎儿良好安全感铺垫；

尽量做到足月生产，做好良好的生产措施，优选自然生产，尽量杜绝生产伤害；

为新生儿提供良好的物理环境，包括安静的氛围、适宜的温湿度、舒适的衣物等，尽量杜绝惊吓与伤害，保护孩子的安全感；

给予新生儿充足的母爱，尽量母乳喂养，多方面强化安全感；

做好新生儿的营养保证，避免生病造成的伤害；

营造温馨和谐的家庭氛围；

针对孩子爬、走、跳等行为做好安全防护，同时也要做到尽量放手；

适时放手，提升孩子的能力和自信，用良好的自信强化安全感；

对孩子少否定、少批评，不因小错误而给其带来恐惧感，杜绝打骂；

3岁前不给孩子讲鬼怪故事，不吓唬孩子（特别不要用警察叔叔来抓人、让医生伯伯来打针等内容威胁孩子，使孩子对警察、医生等职业心存恐惧，

在需要去医院或求助警察时感到恐惧);

以心理暗示的方式告诉孩子再做噩梦时,可邀请爸妈化身英雄来到他们的梦中助力,这对化解噩梦给孩子带来的刺激能够起到良好的效果;

3岁前初步构建良好的安全感;

在此基础上,在3~6岁阶段强化并提升安全感。

小结 **婴幼儿安全感最佳养成模式**

产妇与胎儿健康与伤害避免→杜绝胎儿意外伤害(特别是声响惊吓与噪声伤害)→胎儿期初始安全感养成→尽可能避免生产伤害→出生后营造安静的环境与各方面舒适的条件,避免可能的一切伤害(如噪声、惊吓、强光、摔伤等)→初始安全感得到良好保护→新生儿黄疸等出生后疾病的规避与预防(避免病痛伤害)→尽可能母乳喂养,提供足够的爱抚、触摸、亲吻、拥抱、按摩等(母爱)→尽可能由母亲陪伴→合理依赖→父母以自身良好的安全感与自信作为表率→充满爱的咿咿呀呀的交流→对孩子不急躁、不凶狠(防止伤害)→放手让孩子运动,强化肢体活动能力→关注安全感敏感期的强化发展(0~3岁)→对孩子自主行为予以适时适度的关注、认可、鼓励→少否定、少批评,杜绝训斥、打骂、冷暴力→不恐吓孩子,二三岁前不讲鬼故事,若孩子听到应予以及时安抚疏导→帮孩子构建良好的朋友圈,让孩子不感到孤独→锻炼在黑夜中的勇敢、在游戏中的挑战等→初始安全感养成与强化。

三、自 信

很多教育工作者发现,有的孩子在诸多方面都充满自信、干劲十足,有的孩子却几乎做什么都畏畏缩缩,还有一些在某些方面具有一定的自信,在有些方面则有所欠缺。如果缺乏自信，孩子的精神面貌会受到影响，对接受新知也会产生消极情绪，甚至选择逃避，致使潜能很难得以挖掘。

自信与安全感都是心理健康的基础，二者共同组成了成长的基本素养。自信对孩子一生的成长、成才、成功作用巨大，甚至是起到决定性作用。

自信对孩子成长的重要性，所有教育工作者和父母都有共识并特别重视，但自信从什么时候开启培养、怎么培养，存在很多不同见解。

自我成长教育通过对众多婴幼儿观察了解，以及与众多育婴师、妈妈们的访谈调研发现，在与婴儿咿咿呀呀互动的过程中，自信与不自信的婴儿表现差异明显：自信的孩子明显敢于交流、声音响亮、笑容灿烂；不自信的孩子笑容勉强、声音细微。很明显，孩子的自信在出生一两个月已经可以显现，并在父母的呵护与主动放手和认可赏识中逐步得以强化。孩子的爽朗笑声与咿咿呀呀的交流是最早表现出来的自信。

学习生活中经常采用的良好潜意识激励、良好暗示，其成长作用机理就是能够长久地激发孩子内在的自信。

根据安全感形成与发展的特点，孩子建立自信感的敏感期为 0.5~4 岁阶段。

1. 婴幼儿阶段的自信对成长的巨大助力

自信是成长的心理基础，是一个人发展的前提。

自信是成长、成才与成功的基础，缺乏自信的孩子其主动热情、自主独立、勇敢坚强、诚信自律、乐观大度、自强自尊、积极上进、严谨认真、责任担当、恒心毅力、专心专注、条理思维等相关素养难以得到良好发展；不够自信会导致孩子在进行玩乐、交际、思考时缺乏主动性，难以全情投入，令孩子在思维敏感期也难以得以发展，对一生的成长影响巨大。

自信不足不仅是婴幼儿阶段存在的成长问题，更是一辈子的心理软肋。婴幼儿阶段不自信的孩子，后期很难发展为内心强大的人。

与此相反，自信的孩子其各方面素养和能力都能良好发展，有利于今后的成长、成才、成功。

2. 婴幼儿阶段初始自信不足的表现

婴幼儿自信不足的主要表现有以下几种：

极少有开心、灿烂的笑容；

易哭闹，睡眠不踏实；

难以专心致志地全情投入到具体的事情中去，即使孩子喜欢的事情；

见到他人（包括父母家人）不能流露出特别的亲热与激动；

在人际交往中更显得害怕、认生与不愿交际；

说话声音细声细语，不够洪亮；

做任何事情有严重的畏难情绪。

3. 造成婴幼儿阶段自信不足的主要原因

造成婴幼儿初始自信不足的原因有以下几个方面：

父母自身不自信（熏陶引导的不自信）；

抚养过程中没有给到孩子足够的爱；

对孩子的关注过少；

缺少认可与肯定；

过多的批评与打骂伤害造成自信受损；

放手不足，孩子无法自主，难以表现自己；

病痛折磨与生理缺陷。

4. 自信养成要点

❖ 0岁起建立良好的安全感 ❖

安全感是自信培养铺垫的基础，从孩子0岁（胎儿后期）起铺垫良好的安全感，是良好自信培养的重要前提。

⚶ 良好的爱与陪伴 ⚶

良好的爱与陪伴，即是安全感强化的重要手段，也是孩子良好自信铺垫与塑造的重要手段。

⚶ 良好自信熏陶 ⚶

父母自身具有足够的自信对孩子是良好的熏陶，父母不自信很容易造成孩子不自信。

很多孩子更容易建立自信，主要拜父母的自信熏陶所赐。

⚶ 放手自主 ⚶

自主是孩子健康成长的心理需求。父母的逐步放手可以塑造孩子良好的自主意识与自主能力，能够让孩子更易打造良好的自主表现与自主能力，在这种自主基础上获得父母与他人的认可和肯定，是孩子建立自信的重要手段。

⚶ 自信敏感期 ⚶

在孩子 0~4 岁自信敏感期内帮助孩子展现更好表现或取得更多成绩，给孩子更多正面肯定认可，在自信敏感期内铺垫良好的自信，是对后续成长阶段孩子良好自信培养与强化的重要铺垫。

⚶ 良好表现与良好成绩 ⚶

在放手鼓励孩子自主（不是强制要求）的基础上，帮助孩子做出更好的表现，取得更好的成绩。这样的孩子会发自内心地感到自信。

对于自信不足的孩子，可逐渐帮他们在日常小事中做到良好表现，或在小事中取得良好成绩，这样对自信的构建能起到有效的促进作用。

⚶ 多认可鼓励　少否定打击 ⚶

对于孩子的自发努力，家长要不吝给予更多的鼓励、肯定，哪怕孩子没有取得良好成绩，也要对他们的努力予以认可，这对孩子树立自信能够起到良好的作用。

反之，如果对孩子的努力持否定、打击、漠视等态度，则不利于孩子自信的养成，容易破坏甚至摧毁已有的脆弱自信。

在孩子安全感敏感期（0~3岁）内，家长应尽量对孩子少否定、少批评，其根源即在于此。

❧ 杜绝打骂等伤害 ❧

父母对孩子情绪化、高压、打骂等，容易给他们的自信造成伤害，对于早期已建立的脆弱自信破坏尤为严重。

自我成长教育主张杜绝打骂等伤害，主要在于避免各种伤害对自信的负面影响。

❧ 家庭氛围与朋友圈的养成促进 ❧

良好的家庭、朋友圈氛围，对孩子的自信培养可以起到良好的促进作用。

5. 自信不足的强化

孩子自信不足时，家长可以通过以下方面帮助孩子进行强化：

培养良好的自主意识与自主能力；

在日常生活中适度给孩子提供成功的帮助与认可；

帮助孩子发现更多的兴趣和特长；

帮助孩子能够更好地表现；

帮助孩子取得更多成绩；

不批评，或尽量少批评。

6. 婴幼儿阶段自信养成与强化的要点

婴幼儿阶段自信养成与强化的要点包括：

良好的安全感铺垫；

健康的身体；

给予孩子充分的母爱，如陪伴与呵护，尽可能母乳喂养，与孩子保持互动交流等；

放手让孩子自主吮吸、动手抓握、自己吃饭穿衣、摸爬走跳等，让孩子逐步放飞自我、提升自我能力、构建充分的自信；

在保证安全感的前提下放手让孩子玩乐，用更多开心塑造更多自信；

打造温馨和谐的家庭氛围；

提升强化孩子的基本素养与能力，帮助孩子取得更好的表现与成绩；

适当给孩子一些正能量的暗示（如你的内在能力应该比他们更强的），激发孩子的内在自信；

对孩子的各种表现和进步尽力给予足够的关注、认可、肯定、表扬；

引导孩子单独完成某项任务（如自己吃饭、自己穿衣、完成妈妈交给的力所能及的家务等）；

在游戏中引导或帮助孩子完成各种小挑战，如适当突破敢于和小动物玩、顺利走完简单的平衡木等（保证安全，无太大压力）；

帮助或放手让孩子自己完成某项挑战（如下棋）；

2 岁前尽量避免批评否定孩子，不体验或少体验挫折，3 岁前以铺垫自信为主；

对经孩子努力但没能做好的行为予以鼓励、肯定与帮助；

不因小错误而惩罚孩子，杜绝打骂；

3 岁前初步养成良好自信；

3 岁后在自信铺垫的同时适当开启挫折教育；

对孩子的努力行为予以合理的关注，对做得好的予以认可肯定，对做得不好的予以鼓励与帮助，避免否定与批评，杜绝打骂；

6 岁前基本构建良好的自信。

对孩子 3 岁后表现出的自信不足，父母家长应首先反省形成的原因，并重点反思成长环节与养育方式中存在的不足，查漏补缺，做好自信的强化与早期纠偏（孩子素养不足的纠偏对策将在本书系的小学阶段分册予以详细阐述）。

对孩子素养习惯强化纠偏的要点与难点在于父母对自身示范与教育引导的反思，以及在此基础上言传身教的自我修正。若只是简单地强制要求孩子甚至打骂，虽然表面上孩子可能会服从并当即强化改正，但其内心的抵触与逆反很可能会逐步累积，并很可能会在一定时间段后爆发。青春期的逆反与很多暴力事件甚至违法行为，大多是这种累积爆发的结果。

7. 与自信同步的挫折教育

在建立安全感的基础上，父母必须将孩子自信的培养摆在首位。

但过度自信也易发展为骄傲自负，导致任性、不讲道理、无原则，甚至暴躁、急躁等性格弱点，给后续成长带来极大危害。

半岁以后，家长无须对孩子事事给予极大的关注与赏识，尤其要避免过度。可根据孩子自信的培养情况适度地"无视""冷落"他们，3岁后可以尝试开启挫折教育（可按照60%优等顺利、30%中等鼓励、10%挫折打击的原则，适当地让孩子遭遇可以承受且不挫伤自信的小挫折），培养孩子的抗打击能力，做好成长的自负规避，确保自信的健康发展。

婴幼儿阶段的挫折教育手段与措施包括：引导孩子在游戏与生活中坦然面对困难与失败，如参与类似棋牌类可以分出胜败的游戏，或人为地设置一些体验失败与挫折的小经历，以孩子的自信、自尊不遭受重大打击为前提，试着接受困难与挫折的洗礼。

挫折教育是成长优性循环不可分割的组成部分。

自我成长教育注重塑造婴幼儿阶段的强大自信，同时强调自信以外要能坦然面对困难、失败与挫折，锻炼敢于接受挑战、勇于解决问题的能力。

小结　婴幼儿阶段自信的最佳养成模式

一般情况下，在建立了良好安全感的基础上，给予孩子足够的关爱和放手，有助于孩子在自然而然中打造良好的自信。

自我成长教育提出婴幼儿阶段自信的最佳养成模式如下：

胎儿期健康与营养均衡→0岁起打造良好的安全感→对新生儿给予良好的爱（哺乳、抚摸、拥抱、亲吻、亲切交流、互动、陪伴等）→父母自身良好自信的熏陶→与孩子进行咿咿呀呀的交流→放手让孩子自主，如吮吸、事务自理、跑跳等自我能力的发展→对孩子给予关注、认可、鼓励和帮助→做好孩子自信敏感期（0~4岁）的自信发展→二三岁前尽量做到不否定、不批评，杜绝打骂→用心倾听，平等交流，尊重孩子→陪伴孩子游戏，在娱乐中帮助他们提升相关的技巧与能力→带孩子多参加户外活动，提升他们对运动的兴趣与能力→帮孩子结交合适的朋友，构建良性的朋友圈，但要避免与优秀者经常一起竞争→与孩子一起接受挑战，鼓励他们敢于挑战、勇于突破→让孩子体验星夜、黑暗，培养勇敢→引导孩子掌握更多方法技能，助力更多成功→给孩子更多的兴趣铺垫，培养特长→让孩子感到更多开心→促成孩子良好自信的养成。

四、爱心善良

爱心是孩子对他人或他物的深挚感情与付出，善良是指一个人心地纯洁和善，没有恶意。

爱心善良是一个人的良好品格，是一个人的优秀素养。

爱心善良的素养应在父母以身作则的引导与示范下，从爱护花草、小动物起开始培养。

1. 婴幼儿爱心善良不足容易导致的成长问题

婴幼儿阶段若忽视对爱心善良的培养，会对后续成长阶段（甚至成人阶段）造成不良影响，很可能导致对善与恶的理解和认知不够，是非观的构建出现缺陷，到时再纠偏的难度会陡然增加。

婴幼儿爱心善良不足可能导致的成长问题如下：

成长缺陷：容易导致后续成长阶段甚至终生的爱心善良不足；

打击自信：孩子很可能因爱心善良不足被贴上"坏孩子"的标签，难以得到家人、老师、朋友的更多认可与接纳，不利于归属感的追求，容易产生消极心理，挫伤孩子的自信心，甚至有可能影响安全感的建立与发展。

影响其他素养的发展：爱心善良不足，容易影响主动热情、礼貌尊重、耐心、乐观、大度与同理心、责任担当等相关素养的良好发展，不利于孩子的成长。

影响智力的铺垫：爱心善良不足可能导致的自信与归属感（不被认可）不足，容易造成消极情绪，导致孩子难以静心思考和深入思考，影响婴幼儿阶段大脑快速成长期与思维敏感期的发展，对孩子早期智力的发展与铺垫有较大的不良影响。

影响能力发展：爱心善良不足可能导致孩子交际、学习等能力的发展。

不利于未来成长：容易导致孩子在后期生活与学习、工作中出现更多的不足与不如意，较难取得更好的成绩，进而影响终身的成长、成才与成功。

2. 婴幼儿爱心善良养成要点

爱心善良培养的基本模式，是在良好安全感与自信的基础上，父母家人以身作则为孩子做好示范，特别做好"首三次"（前三次）的引导，让爱心善良的行为得以习惯化，杜绝打骂伤害避免孩子产生逆反消极的心理，打造良好的朋友圈和成长的优性循环。

婴幼儿爱心善良素养养成要做好以下环节：

❧ 铺垫良好的安全感与自信 ❧

0岁起铺垫良好的安全感与自信会让孩子敢于表达爱心与善良。

孩子具有良好爱心善良的表现，会得到父母家长与他人的更多关注与认可，由此可同步促进他们自信的强化。

熏陶引导下的爱心善良素养铺垫

0 岁起，父母家人可以对孩子进行爱心善良的熏陶引导，如爱惜呵护身边的小花、小草、小动物，对他人以诚相待，助人为乐等。在成长模仿期（0.5~3 岁），家长要给孩子提供良好示范，在孩子会耳濡目染，逐步将这些好习惯内化为良好的素养。

放手自主并做好爱心善良的"首三次"引导

在孩子最初表现出爱心善良不足时，父母家长应予以理解并查找原因所在，如果是自身示范不妥应尽快改进，并帮助孩子排解不良情绪，再予以纠偏，避免批评，杜绝打骂，以免孩子再次形成压抑情绪或伪装。

造成孩子爱心善良不足的因素众多，多是在成长早期的无意模仿造成的。孩子原本是觉得好玩或借以吸引父母的关注，并不知道某些行为并不妥当，对此，父母家长一定要给予耐心引导。

家长要注重做好爱心善良的"首三次"引导，使孩子逐步形成爱心善良的规则内化与强化。

日常活动中，不妨和孩子一起善待小花、小草、小动物，并与人为善，乐于助人等。这些行为是培养孩子爱心善良的最佳手段。

做好爱心善良的敏感期成长

孩子爱心善良的最佳铺垫期（敏感期）为 0.5~3 岁，尤其注重孩子 1 岁左右爱心善良的引导。

如果家长在爱心善良的最佳铺垫期没有做好熏陶和初始指导，放任孩子为所欲为，那么，在后续的幼儿阶段、小学阶段甚至成人阶段将很难对该素养的养成进行弥补。

关注与归属感引导下孩子的自我努力

通过故事讲述、绘本阅读、影视动画故事、道理阐述等方式，让孩子感知、认可爱心善良是父母家长关注、认可、喜欢的品质与行为，让孩子自主

Chapter 3

地为追求良好的归属感而自我努力自我上进。

生活中爱心善良归属感引导的方式主要是在孩子表现良好或努力做好时予以认可与表象，做得不好时予以适当批评并同时鼓励孩子，不因此给孩子脸色或打骂，让孩子感觉恐慌甚至逆反，要努力引导孩子的自主努力，并使之成为习惯。

❧ 杜绝打骂等伤害和逆反消极 ❧

婴幼儿阶段家长要把强化孩子自信摆在首位。孩子没做好爱心善良时避免批评，杜绝打骂和情绪化面对可能导致的伤害等，避免造成孩子在过大压力下的惶恐甚至逆反，以及自信受损。

❧ 家庭氛围与朋友圈对爱心善良的养成促进 ❧

构建良好的家庭氛围，帮助孩子建立具有爱心善良素养的朋友圈。在与爱心善良素养不足的朋友相处时，坚持自己的良好素养并帮助对方提升，尽量避免长时间融入不良成长氛围与不良朋友圈。

3. 爱心善良不足的强化

孩子的爱心善良素养不足时，家长应采用"婉趣"坚持的方式对孩子的这一素养进行引导与强化，或对不良行为进行及时纠偏。

对孩子3岁后表现出的爱心善良素养不足，父母家长首先要反省原因，并重点反思在孩子成长过程中教养的不足，并及时强化和早期纠偏（一般强化1—3个月即可良好延续）。

父母在日常生活中善待孩子、他人、他物（对别是弱者）是最好的示范。

对孩子素养习惯强化纠偏的要点与难点在于父母对自身示范的反思，以及在此基础上的自我修正。若只是强制性地对孩子提出要求，甚至打骂，孩子虽然表面上可能会服从并当即强化改正，但内心的抵触与逆反很可能会逐步累积，并在一定时段后爆发（如青春期）。

4. 爱心善良素养养成与强化的日常事务

爱心善良养成与强化（包括纠偏）相关事务与游戏主要包括如下：

6月龄起带孩子欣赏各种花草小动物，铺垫孩子对它们的喜爱；

1岁起带孩子与花草小动物交朋友，告诉孩子要保护花草小动物，告知摘花草等行为是不好行为；

2岁起示范、引导、告知孩子爱护并保护伙伴及更小的婴儿；

家人间要友好相处；

与周围的人要友好相处。

五、主动热情与礼貌尊重

主动热情、礼貌尊重是指孩子在与人相处时的主动称呼、需要寻求帮助时的主动求助、对他人的态度热情、对人以礼相待、懂得尊重他人等。主动热情、礼貌尊重是孩子待人接物时需展现的良好素养与优良品格。

孩子的主动热情、礼貌尊重从对父母家人的主动称呼与平等相待开始。

1. 婴幼儿主动热情、礼貌尊重不足将导致的成长问题

婴幼儿阶段主动热情、礼貌尊重不足在日后的成长过程中虽然可以纠偏提升，但难度很大，甚至容易隐藏在内心成为隐患。

婴幼儿阶段主动热情、礼貌尊重不足可能带来以下几方面的问题：

成长缺陷：比较容易导致后成长阶段甚至一辈子主动热情、礼貌尊重不足的缺陷。

打击自信：孩子主动热情、礼貌尊重不足容易被认定为不好打交道甚至是素质不高的表现，并因此不被他人喜欢甚至被排斥，导致交际能力薄弱，难以

融入或构建良好的朋友圈，由此导致自信受损，甚至可能影响安全感发展。

影响其他素养的发展：主动热情、礼貌尊重不足，容易影响爱心善良、耐心、自主独立、乐观大度与同理心、责任担当等相关素养的良好发展，不利于孩子的成长。

影响智力铺垫：主动热情、礼貌尊重不足可能导致自信不足与不良归属感（不被认可），容易造成孩子不开心，使之难以静心思考，影响婴幼儿阶段大脑快速成长期与思维敏感期的发展，影响早期智力发展与铺垫。

影响能力发展：主动热情、礼貌尊重不足可能导致的与人相处能力不足、智力智商不足等能力缺陷，影响孩子未来的学习、交际等能力的发展。

不利于未来成长：婴幼儿阶段主动热情、礼貌尊重不足导致的相关问题，容易导致其在后期生活与学习工作中存在更多不足与不如意，难以取得更好的成绩，进而影响一生的成长、成才与成功。

2. 婴幼儿主动热情、礼貌尊重素养养成要点

培养主动热情、礼貌尊重的基本模式，是在良好安全感与自信的基础上，父母家人做好相关熏陶引导，特别做好"首三次"的引导，使之内化为习惯，杜绝打骂伤害，避免逆反消极，打造良好朋友圈，共同促进提升，打造成长优性循环。

婴幼儿主动热情、礼貌尊重素养养成要点如下：

铺垫良好的安全感与自信

0岁起为孩子铺垫良好的安全感与自信，让他们敢于主动热情，敢于礼貌尊重。

安全感与自信的不足是很多孩子无法做好主动热情、礼貌尊重的主要原因之一。

与此同时，孩子良好的主动热情、礼貌尊重表现，可以得到父母家长与他人更多的关注与认可，由此同步促进孩子自信的强化。

❦　熏陶引导下的主动热情、礼貌尊重素养铺垫　❦

0 岁起，父母家人善待孩子与他人，对孩子进行主动热情、礼貌尊重的熏陶引导，在孩子最强烈的成长模仿期（0.5~3 岁）为其提供良好示范，在他们进行自主行为时会自然而然模仿家长如何待人接物，逐步将习惯内化为良好素养。

无法以身作则的父母几乎不可能培养出良好主动热情礼貌尊重的孩子。

❦　放手自主并做好主动热情礼貌尊重"首三次"引导　❦

在孩子最初表现出不主动、不热情、无礼貌、不尊重时，父母家长应予以理解并查找原因所在，并据此对父母家人的不妥行为进行改正，对孩子的不良情绪进行引导释放，避免批评、杜绝打骂，以免孩子因此造成情绪压抑与伪装，只是表面应付甚至埋藏逆反的隐患。

造成孩子不主动、不热情、无礼貌、不尊重的因素众多，特别是成长早期的无意模仿阶段，孩子原本是觉得好玩或以此吸引大人的关注，并不知道某些行为并不妥当，父母家长要给予耐心的引导。

在自信与良好熏陶引导的基础上，家长注重做好"首三次"引导，做好主动热情、礼貌尊重习惯的初始塑造，逐步形成规则内化与强化。

❦　做好主动热情、礼貌尊重的敏感期成长　❦

孩子主动热情、礼貌尊重的最佳铺垫期（敏感期）为 1~3 岁，家长尤其要注重孩子 1 岁起主动热情、礼貌尊重的引导铺垫。

如果孩子在最佳铺垫期（敏感期）没有得到来自家长的良好熏陶引导，而是为所欲为，那么到了后续幼儿、小学阶段乃至成人阶段都很难再形成爱心善良的素养。

❦　关注与归属感引导下的主动热情、礼貌尊重的自我努力　❦

父母通过表扬他人、故事讲述、绘本阅读、影视动画故事、道理阐述等方式，让孩子感知、认可爱心善良是父母家长关注、认可、喜欢的品质与行为，让孩子自主地为追求良好的归属感而自我努力自我上进。

生活中主动热情、礼貌尊重归属感引导的方式主要是在孩子表现良好或努力做好时予以认可与表象，做得不好时予以适当批评，同时鼓励孩子，不因此给他们脸色或打骂，否则他们会感觉恐慌甚至逆反，要努力引导孩子的自主努力，并使之成为习惯。

杜绝打骂等伤害避免逆反消极

婴幼儿阶段家长要把自信强化摆在首位。孩子没做好主动热情、礼貌尊重时应避免批评、杜绝打骂、避免情绪化面对等可能导致的伤害（特别是0~3岁阶段），避免造成孩子在过大压力下的惶恐甚至逆反，以及自信受损。

家庭氛围与朋友圈对主动热情、礼貌尊重的养成促进

构建良好的家庭氛围，帮助孩子建立具有主动热情、礼貌尊重素养的朋友圈。在与该种素养不足的朋友相处时，坚持自己的良好素养并帮助对方提升，尽量避免长时间处于不良成长氛围与不良朋友圈。

3. 主动热情、礼貌尊重不足的强化

孩子的主动热情、礼貌尊重不足时，家长应采用"婉趣"坚持的方式对孩子的这一素养进行引导与强化，或对不良行为进行及时纠偏。

对孩子3岁后表现出的主动热情、礼貌尊重素养不足，父母家长首先要反省原因，并重点反思在孩子成长过程中教养的不足，并及时强化和早期纠偏（一般强化1—3个月即可良好延续）。

父母在日常生活中做到主动热情、礼貌尊重是最好的示范。

对孩子素养习惯强化纠偏的要点与难点在于父母对自身示范的反思，以及在此基础上的自我修正。若只是强制性地对孩子提出要求，甚至打骂，孩子虽然表面上可能会服从并当即强化改正，但内心的抵触与逆反很可能会逐步累积，并在一定时段后爆发（如青春期）。

4．婴幼儿主动热情、礼貌尊重素养养成强化的日常事务

日常生活中，主动热情、礼貌尊重养成与强化（包括纠偏）相关事务与游戏主要如下：

～ 主动热情、礼貌素养培养日常事务 ～

从孩子出生起，家长就要用微笑去面对他们，可以亲切地和他们咿咿呀呀地交流或打招呼，做好主动热情、礼貌尊重的早期铺垫；

引导孩子与父母、人家、老师、伙伴等主动打招呼；

引导孩子主动，而不是强迫孩子主动，否则效果会适得其反；

通过"婉趣"坚持的方式帮助孩子保持主动热情、礼貌尊重的习惯。

～ 尊重素养培养日常事务 ～

把孩子当成"小大人"进行平等沟通；

和孩子说话时尽量蹲下来平视沟通；

对孩子说的用心听、耐心听；

对孩子的意见尽量采纳，不采纳时予以说明，取得孩子的认可。

六、性格脾气与耐心

性格是一个人对人对事的稳定态度，以及与之相应的行为方式中表现出的人格特征；脾气是指一个人的性情与情绪。性格脾气是对一个人性情好坏的一种俗称。

性格脾气主要取决于天生遗传还是胜在后天养成一直存在争论。自我成长教育通过大量案例调研发现，孩子性格脾气更多地取决于其对父母性格脾气熏陶下的模仿学习，以及父母在此基础上对孩子性格脾气的关注、评判态

度、奖罚塑造、规则认可等因素。很多观点认为孩子的性格脾气来自父母的遗传，可是很多继养不同家庭的双胞胎的性格却差异迥异，可见，性格脾气更多来自日积月累的熏陶与模仿（当然，也有部分程度不同的遗传因素）。

性格脾气是每个人具有的个性，孩子的良好性格脾气与耐心不意味着不发脾气，而是指不经常无缘无故发脾气、发脾气的频率不高、发脾气程度较轻、不会发展成赖皮撒泼、事后能够反思探讨知道改进。

良好的性格脾气与耐心，从生活中父母的不急躁、少计较、不发火、有耐心等方面的良好铺垫开启。

1. 婴幼儿性格脾气与耐心素养不足导致的成长问题

婴幼儿阶段性格脾气与耐心不足可能带来的主要问题是后续成长阶段（甚至成人阶段）该素养不足的延续，即无论是好脾气、好耐心，还是暴脾气，在后期学生、成人阶段都能比较容易地顺延下去并得以固化，虽然可以纠偏提升，但难度很大，甚至容易隐藏在内心成为隐患。

婴幼儿阶段性格脾气与耐心不足可能带来以下几方面的问题：

成长缺陷：比较容易导致之后成长阶段甚至一辈子性格脾气与耐心不足的缺陷。

打击自信：孩子性格脾气与耐心不足容易被认定为不好打交道甚至是素质不高的表现，并因此不被他人喜欢甚至被排斥，导致交际能力薄弱，难以融入或构建良好的朋友圈，由此导致自信受损，甚至可能影响安全感发展。

影响其他素养的发展：性格脾气与耐心不足，容易影响爱心善良、自主独立、乐观大度与同理心、责任担当等相关素养的良好发展，不利于孩子的成长。

影响智力铺垫：性格脾气与耐心不足可能导致自信不足与不良归属感（不被认可），容易造成孩子不开心，使之难以静心思考，影响婴幼儿阶段大脑快速成长期与思维敏感期的发展，影响早期智力发展与铺垫。

影响能力发展：性格脾气与耐心不足可能导致的与人相处能力不足、智力智商不足等能力缺陷，影响孩子未来的学习、交际等能力的发展。

不利于未来成长：婴幼儿阶段性格脾气与耐心不足导致的相关问题，容易导致其在后期生活与学习工作中存在更多不足与不如意，难以取得更好的成绩，进而影响一生的成长、成才与成功。

2. 婴幼儿性格脾气与耐心养成要点

性格脾气与耐心培养的基本模式，是在良好安全感与自信基础上，父母家人做好良好的熏陶引导，特别做好"首三次"的引导，形成相应事务中性格脾气与耐心行为的习惯化，杜绝打骂伤害和逆反消极，打造良好朋友圈，共同促进提升，打造成长优性循环。

婴幼儿性格脾气与耐心素养养成要点如下：

❧ 铺垫良好安全感与自信 ❧

0 岁起为孩子铺垫良好的安全感与自信，让他们更容易静心与耐心。

安全感与自信的不足是很多孩子无法获得良好性格脾气与耐心的主要原因之一。

在成长过程中，孩子良好的性格脾气与耐心表现，可以得到父母家长与他人的更多关注与认可，由此同步促进孩子自信的强化。

❧ 熏陶引导下的性格脾气与耐心素养铺垫 ❧

0 岁起，父母要进行性格脾气与耐心的熏陶引导，如温柔相待周围的人，尽量耐心，在孩子最强烈的成长模仿期（0.5~3 岁）为其提供良好示范，在他们进行自主行为时会自然而然模仿家长如何待人接物，逐步将习惯内化为良好素养。

无法以身作则的父母几乎不可能培养出良好性格脾气与耐心的孩子。

❧ 放手自主并做好性格脾气与耐心的"首三次"引导 ❧

在孩子最初表现出发脾气与不耐心时，父母应予以理解并查找原因所在，据此对自身的不妥示范行为进行改进，对孩子的不良情绪进行引导释放，避免批评、杜绝打骂，以免孩子因此造成情绪压抑与伪装，只是表面应付甚至埋藏逆反的隐患。

引发孩子不良情绪的因素众多，任何人在生活中遇到特殊情况发脾气都是有可能的，父母应允许孩子通过发脾气宣泄情绪、表达不满，这是心理健康成长不可或缺的环节。

在自信与良好熏陶引导的基础上，家长注重做好"首三次"引导，做好性格脾气与耐心的初始塑造，逐步形成规则内化与强化。

父母可以带着孩子做玩具分类、米豆分拣、穿珠子类的游戏，这对良好性格脾气与耐心的培养非常有效。

❧ 做好性格脾气与耐心敏感期成长 ❧

孩子性格脾气与耐心的发展敏感期为 0.5~2 岁期间，即半岁左右起父母应尤为重视做好有关性格脾气与耐心的引导铺垫。

若父母未做好相关的指导，放任孩子的滥发脾气、为所欲为，那么到了后续幼儿、小学阶段乃至成人阶段都很难再形成良好的性格脾气与耐心。

❧ 关注与归属感引导下为良好性格脾气与耐心的自我努力 ❧

父母通过表扬他人良好性格脾气与耐心、故事讲述、绘本阅读、影视动画故事、道理阐述等方式，让孩子感知、认可到良好性格脾气与耐心是大人关注、认可、喜欢的素养，让孩子因追求良好的归属感而自我奋进。

生活中通过良好性格脾气与耐心塑造归属感的方式主要是在孩子表现良好或努力做好时予以认可与表象，做得不好时予以适当批评，同时鼓励孩子，不因此给他们脸色或打骂，否则他们会感觉恐慌甚至逆反，要努力引导孩子的自主努力，并使之成为习惯。

❧ 杜绝打骂等伤害，避免逆反消极 ❧

婴幼儿阶段家长要把自信强化摆在首位。即便孩子暂时没养成良好性格和耐心，也要避免批评，杜绝打骂，避免情绪化面对等可能导致的伤害（特别是

0~3 岁阶段），避免造成孩子在过大压力下的惶恐甚至逆反，以及自信受损。

家庭氛围与朋友圈对良好性格脾气与耐心的养成促进

构建良好的家庭氛围，帮助孩子建立具有良好性格脾气与耐心的朋友圈。在与该种素养不足的朋友相处时，坚持自己的良好素养并帮助对方提升，尽量避免长时间处于不良成长氛围与不良朋友圈。

3. 良好性格脾气与耐心的不足强化

孩子良好性格脾气与耐心素养不足时，家长应采用"婉趣"坚持的方式对孩子的这一素养进行引导与强化，或对不良行为进行及时纠偏。

对孩子 3 岁后表现出的良好性格脾气与耐心素养不足，父母家长首先要反省原因，并重点反思在孩子成长过程中教养的不足，并及时强化和早期纠偏（一般强化 1—3 个月即可良好延续）。

父母在日常生活中做到良好性格脾气与耐心是最好的示范。

对孩子素养习惯强化纠偏的要点与难点在于父母对自身示范的反思，以及在此基础上的自我修正。若只是强制性地对孩子提出要求，甚至打骂，孩子虽然表面上可能会服从并当即强化改正，但内心的抵触与逆反很可能会逐步累积，并在一定时段后爆发（如青春期）。

4. 婴幼儿良好性格脾气与耐心素养养成与强化日常事务

日常生活中，良好性格脾气与耐心养成与强化（包括纠偏）相关事务与游戏主要如下：

父母对他人，特别是对孩子的良好性格脾气与耐心，是孩子良好性格脾气与耐心养成的重要前提；

与家人朋友友好相处；

铺垫良好的爱与亲情是良好性格脾气与耐心养成的重要保证；

对孩子有耐心，不发脾气，不急躁；

在0.5~2岁阶段引导孩子对花草小动物充满关爱，在此基础上铺垫细心观察的耐心；

和孩子一起开展捡豆子、穿绳、走迷宫、滚小球等游戏，在游戏过程中引导孩子塑造耐心与良好的脾气；

引导孩子对家人、他人耐心（有的家长认为孩子对家人随意点无所谓，但对家人充满耐心才是基础）。

七、积极上进与勇敢坚强

积极上进是指一个人的思想行为具有良好的进取心，主动热情，对生活、学习不消极，不畏难，敢于挑战。

勇敢是指不惧怕危险和困难，有胆量，不退缩，勇于承担责任，充满活力。坚强是指强固有力，不怕困难，沉着接受挑战（自信与勇敢坚强是敢于挑战的基础）。成为一个勇敢坚强的人是所有家长对孩子的寄往。

积极上进与勇敢坚强素是在良好安全感自与信的基础上建立起来的，在父母良好的熏陶示范下，从熟悉星空、喜欢月夜、熄灯睡觉、接受并喜欢小动物等自我日常事务中逐步开启的。

积极上进与勇敢坚强相辅相成，相互促进。

1. 婴幼儿积极上进与勇敢坚强不足容易导致的成长问题

婴幼儿阶段勇敢坚强不足可能带来的主要问题就是胆怯，表现在从小认生、怕黑、畏惧小动物，若不及时纠偏，在后续的成长中，孩子会更加胆小、认生、不自信、难以接受挑战，久而久之内化为习惯，在日后的成长过程中虽然可以纠偏提升，但难度很大，容易隐藏在内心成为隐患。

婴幼儿阶段积极上进与勇敢坚强不足可能带来以下几方面问题：

成长缺陷：比较容易导致之后成长阶段甚至一辈子积极上进与勇敢坚强不足的成长缺陷。

打击自信：孩子积极上进与勇敢坚强不足一般会被认定为懦弱、软弱、消极、懒惰，可能因此被他人看低，不被他人所喜，甚至被排斥，导致交际能力薄弱，难以融入或构建良好的朋友圈，由此致使自信受损，甚至可能影响安全感发展。

影响其他素养的发展：积极上进与勇敢坚强不足，容易影响主动热情、礼貌尊重、性格脾气与耐心、诚信自律与遵规守诺、自强自尊、乐观大度、责任担当与勤劳吃苦、恒心毅力、专心专注、条理思维等相关素养的良好发展，不利于孩子的最佳成长。

影响智力铺垫：积极上进与勇敢坚强不足容易造成孩子消极、软弱、胆怯，可能导致自信不足与不良归属感（不被认可），容易造成孩子不开心，使之难以静心思考，影响婴幼儿阶段大脑快速成长期与思维敏感期的发展，影响早期智力发展与铺垫。

影响能力发展：积极上进与勇敢坚强不足可能导致的与人相处能力不足、智力智商不足等能力缺陷，影响孩子未来的学习、交际等能力的发展。

不利于未来成长：婴幼儿阶段积极上进与勇敢坚强不足导致的相关成长问题，容易导致其在后期生活与学习工作中存在更多不足与不如意，难以取得更好的成绩，进而影响一生的成长、成才与成功。

缺乏积极上进与勇敢坚强的孩子内心永远无法强大。

2. 婴幼儿积极上进与勇敢坚强养成要点

胆小、懦弱、消极、畏难等是较常见的成长问题，也是积极上进与勇敢坚强不足的表现。

是在良好安全感与自信的基础上，父母家人做好相关熏陶引导，特别做好"首三次"的引导，使之内化为习惯，杜绝打骂伤害，避免逆反消极，打造良好朋友圈，共同促进提升，打造成长优性循环。

婴幼儿积极上进与勇敢坚强素养养成要点如下：

❧　铺垫良好安全感与自信　❧

0岁起为孩子铺垫良好的安全感与自信，让孩子能勇敢坚强且积极上进。

安全感与自信的不足是很多孩子无法做到勇敢坚强且积极上进的主要原因之一。

成长过程中，孩子积极上进与勇敢坚强的表现可以得到父母家长与他人更多的关注和认可，由此同步促进孩子自信的强化。

❧　熏陶引导下的积极上进与勇敢坚强素养铺垫　❧

半岁起，父母家人要为孩子做好积极上进与勇敢坚强的熏陶引导，如不在孩子面前故意放大恐惧情绪、适当亲近小动物等，在孩子最强烈的成长模仿期（0.5~3岁）为其提供良好示范，在他们进行自主行为时会自然而然模仿家长如何待人接物，逐步将习惯内化为良好素养。

不少父母会无限放大生活中的"小危险"，并且反复告诫（如宠物会咬人需远离），很容易让孩子收获过度的恐惧感，很难培养出勇敢坚强的孩子。

消极、不上进、怨天尤人、胆小怕事、喜欢逃避的父母很难培养出自强自尊与积极上进的孩子。

❧　做好积极上进与勇敢坚强的"首三次"引导　❧

在自信与良好熏陶引导的基础上，家长要注重做好积极上进与勇敢坚强的"首三次"引导：如和孩子一起体验月夜和星空的美（而不是强调孩子黑夜的可怕），在孩子最早表现出对黑夜与小动物的恐惧或畏难情绪时，父母应予以理解并查找原因所在，并据此对父母家人的不妥行为进行改正，对孩子进行逐步引导或静待孩子的提升改进，杜绝打骂与批评，否则孩子会更加懦弱悲观。尽量放手让孩子学会独立勇敢面对挑战（如经常参加游戏比赛等），在孩子泄气逃避时可以这样鼓劲："爸爸和你一起想办法！"通过鼓励和帮助逐步提升孩子的积极性，形成良好积极上进与勇敢坚强的素养。

"我会很棒很厉害的""我们不会比他们差""我们一起努力加油"……这些鼓励话语往往可以促使孩子积极上进，勇于接受挑战。

做好积极上进与勇敢坚强敏感期成长

孩子积极上进与勇敢坚强的发展敏感期为 1~6 岁，即从 1 岁左右家长就可以进行积极上进与勇敢坚强的引导铺垫了。

如果父母错过了最佳铺垫期（敏感期），没能用心做好相应的引导与铺垫，那么孩子到了后续幼儿、小学阶段乃至成人阶段都很难再形成积极上进与勇敢坚强的素养。

关注与归属感引导下积极上进与勇敢坚强的自我努力

父母通过表扬他人、故事讲述、绘本阅读、影视动画故事、道理阐述等方式，让孩子感知、认可积极上进与勇敢坚强是父母家长关注、认可、喜欢的品质与行为，让孩子自主地为追求良好的归属感而自我努力自我上进。

生活中积极上进与勇敢坚强归属感引导的方式主要是在孩子表现良好或努力做好时予以认可与表象，做得不好时予以适当批评，同时鼓励孩子，不因此给他们脸色或打骂，否则他们会感觉恐慌甚至逆反，要尽力引导孩子的自主努力，并使之成为习惯。

杜绝打骂等伤害，避免逆反消极

婴幼儿阶段家长要把自信强化摆在首位。孩子没做好积极上进与勇敢坚强时应避免批评、杜绝打骂、避免情绪化面对等可能导致的伤害（特别是0~3 岁阶段），避免造成孩子在过大压力下的惶恐甚至逆反，以及自信受损。

家庭氛围与朋友圈对积极上进与勇敢坚强的养成促进

构建良好的家庭氛围，帮助孩子建立具有积极上进与勇敢坚强素养的朋友圈。在与该种素养不足的朋友相处时，坚持自己的良好素养并帮助对方提升，尽量避免长时间处于不良成长氛围与不良朋友圈。

3. 积极上进与勇敢坚强的不足强化

孩子的积极上进与勇敢坚强不足时，家长应采用"婉趣"坚持的方式对孩子的这一素养进行引导与强化，或对不良行为进行及时纠偏。

对孩子3岁后表现出的积极上进与勇敢坚强不足，父母家长首先要反省原因，并重点反思在孩子成长过程中教养的不足，并及时强化和早期纠偏（一般强化1—3个月即可良好延续）。

父母在日常生活中做到积极上进与勇敢坚强是最好的示范。

对孩子素养习惯强化纠偏的要点与难点在于父母对自身示范的反思，以及在此基础上的自我修正。若只是强制性地对孩子提出要求，甚至打骂，孩子虽然表面上可能会服从并当即强化改正，但内心的抵触与逆反很可能会逐步累积，并在一定时段后爆发（如青春期）。

4. 婴幼儿阶段积极上进与勇敢坚强素养养成与强化日常事务

在日常生活中，积极上进与勇敢坚强养成与强化（包括纠偏）相关事务与游戏主要如下：

✦ 勇敢坚强素养培养日常事务 ✦

从出生起就要做到夜灯睡觉或熄灯睡觉，让孩子逐步适应黑夜；

1岁起在孩子身体状态良好时逐步引导其对月色、星光的喜爱，适应黑夜，铺垫勇敢；

1岁起在保证安全卫生的前提下带孩子接触温顺可爱的小动物等；

不逼迫孩子去体验如屋内角落这样的"恐惧源"，而是在开心的游戏中自然而然地引导孩子适应各种挑战，如捉迷藏，并一起完成挑战与突破（是引导逐步，避免突然强制要求）；

6岁之前（特别是3岁之前）杜绝接触恐怖故事，在听到他人讲述明显令孩子感到害怕的内容时应及时干预，并尽量化解这种恐惧感（切记点到即止，说多了反而会起到强化恐惧的作用）；

鼓励孩子和勇敢坚强的伙伴一起实现突破，在榜样的引导下孩子更容易接受挑战；

做游戏前要做好安全防护，要告知孩子安全边界，但不必因此恐吓孩子，否则孩子会因害怕而拒绝尝试；

家长要给予孩子足够的关注、鼓励和认可，强制与打骂会适得其反。

积极上进素养培养日常事务

家长要放手让孩子逐步铺垫良好的自主意识与自主能力，构建积极上进的良好基础；

鼓励孩子自己吃饭穿衣、整理玩具、爬台阶、参加有一定优势的比赛，引导孩子敢于接受挑战；

铺垫相关技能，多参加有较大把握的比赛（如棋牌类等）；

对孩子的积极上进与努力予以适当的关注、鼓励、认可；

引导孩子对归属感、价值感的追求，对他们表现出的积极上进与努力予以帮助。

八、诚信自律与遵规守诺

诚实守信是指一个人说真话，做人做事信守承诺。诚实守信是一种良好品格。

自律是指按照相关规则与标准对言行举止的自我约束与自我要求，自律是一种不可或缺的人格力量。

遵规守诺是指遵守各项社会规则，说到做到。

培养诚实守信与遵规守诺的素养，从父母家长对孩子说话算数、遵守规则做起。

1. 婴幼儿诚信自律与遵规守诺不足将导致的成长问题

婴幼儿阶段诚信自律与遵规守诺不足在日后的成长过程中虽然可以纠偏提升，但难度很大，甚至容易隐藏在内心成为隐患。

婴幼儿阶段诚信自律与遵规守诺不足可能带来以下方面的问题：

比较容易导致之后成长阶段甚至一辈子诚信自律与遵规守诺不足的缺陷。

孩子诚信自律与遵规守诺不足容易被认定为不好打交道甚至是素质不高的表现，并因此不被他人喜欢甚至被排斥，导致交际能力薄弱，难以融入或构建良好的朋友圈，由此导致自信受损，甚至可能影响安全感发展。

诚信自律与遵规守诺不足，容易影响礼貌尊重、性格脾气与耐心、自强自尊与积极上进、严谨认真与谦虚、责任担当与勤劳吃苦等相关素养的良好发展，不利于孩子的最佳成长。

诚信自律与遵规守诺不足可能导致自信不足与不良归属感（不被认可），容易造成孩子不开心，使之难以静心思考，影响婴幼儿阶段大脑快速成长期与思维敏感期的发展，影响早期智力发展与铺垫。

诚信自律与遵规守诺不足可能导致的与人相处能力不足、智力智商不足等能力缺陷，影响孩子未来的学习、交际等能力的发展。

婴幼儿阶段诚信自律与遵规守诺不足导致的相关问题，容易导致其在后期生活与学习工作中存在更多不足与不如意，难以取得更好的成绩，进而影响一生的成长、成才与成功。

2. 婴幼儿诚信自律与遵规守诺养成要点

诚信自律与遵规守诺的培养，是在良好安全感与自信基础上，父母家人做好诚信自律与遵规守诺的熏陶引导，特别是"首三次"的引导，使之内化为习惯，杜绝打骂伤害，避免逆反消极，打造良好朋友圈，共同促进提升，打造成长优性循环。

婴幼儿诚信自律与遵规守诺素养养成要点包括如下：

❧— 铺垫良好安全感与自信 —❧

0 岁起为孩子铺垫良好的安全感与自信，让孩子敢于向他人表现自律。任性与逃避是缺乏安全感和自信所致。

安全感与自信的不足是很多孩子无法做好诚信自律与遵规守诺的主要原因之一。

与此同时，孩子诚信自律与遵规守诺的表现，可以得到父母家长与他人更多的关注与认可，由此同步促进孩子自信的强化。

❧— 熏陶引导下的诚信自律与遵规守诺素养铺垫 —❧

孩子半岁起，父母家人做好诚信自律与遵规守诺的熏陶引导，如说话算数、不撒谎、守时等，在孩子最强烈的成长模仿期（0.5~3 岁）给提供良好示范（含故事、动画片、读物引导），在他们进行自主行为时会自然而然模仿家长的做法，逐步将习惯内化为良好素养。

无法以身作则的父母几乎不可能培养出良好主动热情礼貌尊重的孩子。

❧— 放手让孩子自主并做好诚信自律与遵规守诺的"首三次"引导 —❧

在保证安全的前提下放手让孩子自己动手，培养其自主能力与自主意识。在诚信自律与遵规守诺的熏陶下，家长注重做好"首三次"引导，帮孩子强化初始的行为规则，使之内化为素养习惯。

大人为孩子建立的首次规则尽量不要轻易变动，否则容易导致孩子认知混乱，不知所措，难以实现素养的铺垫。

❧— 做好诚信自律与遵规守诺敏感期成长 —❧

孩子诚信自律与遵规守诺的发展敏感期为 2~6 岁，即家长应在 2 岁左右重视做好孩子诚信自律与遵规守诺的引导铺垫。

如果孩子在最佳铺垫期（敏感期）没有得到来自家长的良好熏陶引导，而是为所欲为，乱发脾气，那么到了后续幼儿、小学阶段乃至成人阶段都很难再形成诚信自律与遵规守诺的素养。

↝ 关注与归属感引导下诚信自律与遵规守诺的自我努力 ↜

父母通过表扬他人、故事讲述、绘本阅读、影视动画故事、道理阐述等方式，让孩子感知、认可诚信自律与遵规守诺是父母家长关注、认可、喜欢的品质与行为，让孩子自主地为追求良好的归属感而自我努力自我上进。

生活中诚信自律与遵规守诺归属感引导的方式主要是在孩子表现良好或努力做好时予以认可与表象，做得不好时予以适当批评，同时鼓励孩子，不因此给他们脸色或打骂，否则他们会感觉恐慌甚至逆反，要努力引导孩子的自主努力，并使之成为习惯。

↝ 杜绝打骂等伤害，避免逆反消极 ↜

婴幼儿阶段家长要把自信强化摆在首位。孩子没做好主动热情、礼貌尊重时应避免批评、杜绝打骂、避免情绪化面对等可能导致的伤害（特别是0~3岁阶段），避免造成孩子在过大压力下的惶恐甚至逆反，以及自信受损。

↝ 家庭氛围与朋友圈对诚信自律与遵规守诺的养成促进 ↜

构建良好的家庭氛围，帮助孩子建立具有诚信自律与遵规守诺素养的朋友圈。在与该种素养不足的朋友相处时，坚持自己的良好素养并帮助对方提升，尽量避免长时间处于不良成长氛围与不良朋友圈。

3. 诚信自律与遵规守诺不足的强化

孩子的诚信自律与遵规守诺不足时，家长应采用"婉趣"坚持的方式对孩子的这一素养进行引导与强化，或对不良行为进行及时纠偏。

对孩子3岁后表现出的诚信自律与遵规守诺素养不足，父母家长首先要反省原因，并重点反思在孩子成长过程中教养的不足，并及时强化，进行早期纠偏（一般强化1—3个月即可良好延续）。

父母在日常生活中做到诚信自律与遵规守诺是最好的示范。

对孩子素养习惯强化纠偏的要点与难点在于父母对自身示范的反思，以及在此基础上的自我修正。若只是强制性地对孩子提出要求，甚至打骂，孩子虽然表面上可能会服从并当即强化改正，但内心的抵触与逆反很可能会逐步累积，并在一定时段后爆发（如青春期）。

4. 婴幼儿阶段诚信自律与遵规守诺素养养成与强化日常事务

日常生活中，诚信自律与遵规守诺养成与强化（包括纠偏）相关事务与游戏主要如下：

❧　诚信自律素养培养日常事务　❧

孩子半岁左右起，家长与之交流时要做到说话算数；

与孩子玩耍前做好时间约定（如玩 1 小时），时间到时，若孩子余兴未尽，可适度延长 10 分钟，之后务必"婉趣"地坚持原则；

3 岁左右的孩子在素养养成过程中具有可塑性和反复性；

3~6 岁后要做好强化以及"婉趣"坚持（由于诚信自律与遵规守诺的特殊性，相关原则在幼儿阶段具有反复性，应给予孩子一定的让步，到小学阶段则严格坚持原则），杜绝强制严厉。

❧　遵规守诺素养培养日常事务　❧

1~3 岁时引入交通规则意识，如走斑马线、遵守信号灯等；

对孩子说话算数，能够兑现承诺；

吃饭准时响应；

垃圾入筒、吐痰入钵；

父母家长应以身作则，起到表率作用。

九、严谨认真与谦虚

严谨认真，是一个人应该具备的优良品格。它不但代表着严谨细致的做人做事态度，还体现着认真负责的做人做事精神。

谦虚指虚心，没有浮夸或自负，能够主动向他人请教或征求意见。

严谨认真始于孩子 2 岁左右自己开始做一些力所能及的事情时，如自己穿衣服、收拾玩具等。这时，家长应进行及时熏陶指引，使严谨认真的态度能够得以很好地延续，否则孩子容易养成粗心大意的习惯。

1. 婴幼儿严谨认真与谦虚不足将导致的成长问题

婴幼儿阶段严谨认真与谦虚不足在日后的成长过程中虽然可以纠偏提升，但难度很大，甚至容易隐藏在内心成为隐患。

婴幼儿阶段严谨认真与谦虚不足可能带来以下几方面的问题：

成长缺陷：比较容易导致之后成长阶段甚至一辈子严谨认真与谦虚不足的缺陷。

打击自信：孩子严谨认真与谦虚不足容易被认定为不好打交道甚至是教养不高的表现，并因此不被他人喜欢甚至被排斥，导致交际能力薄弱，难以融入或构建良好的朋友圈，由此导致自信受损，甚至可能影响安全感发展。

影响其他素养的发展：因严谨认真与谦虚不足，容易影响性格脾气与耐心、自主独立、诚信自律与遵规守诺、乐观大度与同理心、自强自尊与积极上进、责任担当与勤劳吃苦、恒心毅力、专心专注、条理思维等相关素养的良好发展，不利于孩子的最佳成长。

影响智力铺垫：严谨认真与谦虚不足可能导致自信不足与不良归属感（不被认可），容易造成孩子不开心，使之难以静心思考，影响婴幼儿阶段大脑快速成长期与思维敏感期的发展，影响早期智力发展与铺垫。

影响能力发展：严谨认真与谦虚不足可能导致与人相处能力不足、智力智商不足等缺陷，影响孩子未来的学习、交际等能力的发展。

不利于未来成长：婴幼儿阶段严谨认真与谦虚不足容易导致其在后期生活与学习工作中存在更多不足与不如意，难以取得更好的成绩，进而影响一生的成长、成才与成功。

2. 婴幼儿严谨认真与谦虚养成要点

培养严谨认真与谦虚的基本模式，是在良好安全感与自信的基础上，父母家人做好相关熏陶引导，特别做好"首三次"的引导，使之内化为习惯，杜绝打骂伤害，避免逆反消极，打造良好朋友圈，共同促进提升，打造成长优性循环。

婴幼儿严谨认真与谦虚素养养成要点如下：

❧　铺垫良好安全感与自信　❧

0 岁起为孩子铺垫良好的安全感与自信，让他们静心于严谨认真与谦虚。

安全感与自信的不足是很多孩子无法做好严谨认真与谦虚的主要原因之一。

与此同时，孩子严谨认真与谦虚的表现，可以得到父母家长与他人更多的关注与认可，由此同步强化了孩子的自信。

❧　熏陶引导下的严谨认真与谦虚素养铺垫　❧

0 岁起，父母家人可以对孩子进行严谨认真与谦虚的熏陶引导，如带着孩子做一些小手工，锻炼耐心和一丝不苟的精神，做得好不骄傲，做得不好能够自我反思并虚心请教。父母要以身作则，起到表率作用。

做事草率马虎、无耐心、经常怨天尤人的父母很难培养出严谨认真与谦虚的孩子。

❧　放手让孩子自主并做好严谨认真与谦虚的"首三次"引导　❧

在孩子最初尝试独立做一些力所能及的事情时，家长应予以足够的关注与鼓励，坦然面对孩子表现出的反复，并以更多的耐心与技巧去引导孩子。孩子到了半岁至 1 岁左右家长可以在共同玩耍中进行引导，帮助孩子掌握动手要领，逐步提升孩子的操作水平，避免他们因过多失败而泄气，养成严谨认真与谦虚的行事习惯。

走迷宫、穿珠子、下围棋等都是有助于塑造严谨认真与谦虚素养的活动。

Chapter 3

❧ 做好严谨认真与谦虚敏感期成长 ❧

孩子严谨认真与谦虚的最佳铺垫期（敏感期）为2~4岁，家长应在孩子2岁左右重视做好严谨认真与谦虚的引导铺垫。

如果孩子在最佳铺垫期（敏感期）没有得到来自家长的良好熏陶引导，而是放任孩子做事马虎、为所欲为，那么到了后续幼儿、小学阶段乃至成人阶段都很难再形成严谨认真与谦虚的素养。

❧ 关注与归属感引导下严谨认真与谦虚的自我努力 ❧

通过故事讲述、绘本阅读、影视动画故事、道理阐述等方式，让孩子感知、认可到良好严谨认真与谦虚是父母家长关注、认可、喜欢的品质与行为，让孩子自主地为追求良好的归属感而自我努力自我上进。

生活中严谨认真与谦虚归属感引导的方式主要是在孩子表现良好或努力做好时予以认可与表象，做得不好时予以适当批评，同时鼓励孩子，不因此给他们脸色或打骂，否则他们会感觉恐慌甚至逆反，要努力引导孩子的自主努力，并使之成为习惯。

❧ 杜绝打骂等伤害，避免逆反消极 ❧

婴幼儿阶段家长要把自信强化摆在首位。孩子没做好严谨认真与谦虚时应避免批评、杜绝打骂、避免情绪化面对等可能导致的伤害（特别是0~3岁阶段），避免造成孩子在过大压力下的惶恐甚至逆反，以及自信受损。

❧ 家庭氛围与朋友圈对严谨认真与谦虚的养成促进 ❧

构建良好的家庭氛围，帮助孩子建立具有严谨认真与谦虚素养的朋友圈。在与该种素养不足的朋友相处时，坚持自己的良好素养并帮助对方提升，尽量避免长时间处于不良成长氛围与不良朋友圈。

3. 严谨认真与谦虚的不足强化

孩子的严谨认真与谦虚不足时，家长应采用"婉趣"坚持的方式对孩子的这一素养进行引导与强化，或对不良行为进行及时纠偏。

对孩子 3 岁后表现出的严谨认真与谦虚素养不足，父母家长首先要反省原因，并重点反思在孩子成长过程中教养的不足，并及时强化和早期纠偏（一般强化 1—3 个月即可良好延续）。

父母在日常生活中做到严谨认真与谦虚是最好的示范。

对孩子素养习惯强化纠偏的要点与难点在于父母对自身示范的反思，以及在此基础上的自我修正。若只是强制性地对孩子提出要求，甚至打骂，孩子虽然表面上可能会服从并当即强化改正，但内心的抵触与逆反很可能会逐步累积，并在一定时段后爆发（如青春期）。

4. 婴幼儿阶段严谨认真与谦虚素养养成与强化日常事务

日常生活中，严谨认真与谦虚养成与强化（包括纠偏）相关事务与游戏主要如下：

❧ 严谨认真素养培养 ❧

半岁起可引导孩子用心观察花草小动物；

从孩子半岁起，可适当逐步放手锻炼其自主的能力；

1~2 岁起可以让孩子体验穿绳、走迷宫等需要细心的活动；

孩子进行游戏等活动时，家长尽量不打断、不打扰、不催促、不打扰、不打击，鼓励孩子遇到困难不气馁。

❧ 谦虚素养培养 ❧

家长可以与孩子体验具有竞技性的活动，如围棋等，在进步与自信的基础上体验失败，体验谦虚认真的必要性，懂得强中更有强中手；

通过讲述故事引入介绍那些具有谦虚品质的人物；

在确定孩子在玩乐、学习中获得足够自信后，可以让他们对垒高手，令其适当遭遇一些挫折，磨炼谦虚的品质。

十、责任担当与勤劳吃苦

责任担当是敢于承担任务，有勇气承担使命，对自己所做的、需要做的负责到底；勤劳吃苦是指为人勤快，具有吃苦精神。

责任担当与勤劳吃苦是每一位家长都希望孩子能够拥有的良好素养。

责任担当与勤劳吃苦虽然对成人是件"苦差事"，但在1~4岁正处于兴趣敏感期的孩子看来，一切事物都很新鲜，包括一些简单的家务等。父母可以给予孩子充分的放手，鼓励他们去做一些力所能及的事情，并为此而骄傲。

如果父母没在早期特别是敏感期适度放手，孩子后续会感觉兴趣索然，缺乏继续的动力。在此情况下，不少父母还有可能采取强制甚至打骂的手段，孩子很可能因此而逆反，或只是表面应付。

责任担当在生活中表现为孩子对小动物、弱者的保护，以及自己的事情自己负责，并由此养成有担当的习惯。

勤劳吃苦最早表现为做事的主动性、经常性、持久性、挑战性，以及在该过程中表现出来的坚持与毅力，敢于吃苦。

对于当代的孩子来说，除了要主张埋头苦干，更要求能提高效率的巧干。

培养责任担当与勤劳吃苦的素养，从做好玩具整理这样与自己相关的事务开始。

孩子（特别是男孩子）在3岁后会对妈妈或妹妹说"我长大了，要保护你"，这是孩子责任担当的一种升华。

1. 婴幼儿责任担当与勤劳吃苦不足将导致的成长问题

幼儿阶段责任担当与勤劳吃苦不足在日后的成长过程中虽然可以纠偏提升，但难度很大，甚至容易隐藏在内心成为隐患。

婴幼儿阶段主动热情、礼貌尊重不足可能带来以下几方面的问题：

比较容易导致之后成长阶段甚至一辈子责任担当与勤劳吃苦不足的缺陷。

孩子责任担当与勤劳吃苦不足容易被认定为无责任、教养不高的人，并因此不被他人喜欢甚至被排斥，导致交际能力薄弱，难以融入或构建良好的朋友圈，由此导致自信受损，甚至可能影响安全感发展。

因责任担当与勤劳吃苦不足，容易影响爱心善良、主动热情礼貌尊重、性格脾气与耐心、自主独立与勇敢坚强、诚信自律与遵规守诺、乐观大度与同理心、自强自尊与积极上进、恒心毅力、专心专注等相关素养的良好发展，不利于孩子的最佳成长。

责任担当与勤劳吃苦不足可能导致自信不足与不良归属感（不被认可），容易造成孩子不开心，使之难以静心思考，影响婴幼儿阶段大脑快速成长期与思维敏感期的发展，影响早期智力发展与铺垫。

责任担当与勤劳吃苦不足可能与人相处能力不足、智力智商不足等缺陷，影响孩子未来的学习、交际等能力的发展。

婴幼儿阶段责任担当与勤劳吃苦不足导致的相关成长问题，容易导致其在后期生活与学习工作中存在更多不足与不如意，难以取得更好的成绩，进而影响一生的成长、成才与成功。

2. 婴幼儿责任担当与勤劳吃苦培养要点

培养责任担当与勤劳吃苦素养的关键，是在良好安全感与初始自信的基础上，父母家人做好相关的熏陶引导，特别做好"首三次"的引导，使之内化为习惯，杜绝打骂伤害，避免逆反消极，打造良好朋友圈，共同促进提升，打造成长优性循环。

从半岁起让孩子在自己感兴趣且力所能及的事务中体验责任担当与勤劳吃苦。

婴幼儿责任担当与勤劳吃苦素养培养要点包括如下：

❧ 铺垫良好安全感与自信 ❧

0岁起为孩子铺垫良好的安全感与自信，让他们敢于承担责任、有担当，勇于勤劳吃苦。

安全感与自信的不足是很多孩子无法做好主动热情、礼貌尊重的主要原因之一。

与此同时，孩子良好的主动热情、礼貌尊重表现，可以得到父母家长与他人更多的关注与认可，由此同步促进孩子自信的强化。

❧ 熏陶引导下的责任担当与勤劳吃苦素养铺垫 ❧

0岁起，父母家人应对孩子进行责任担当与勤劳吃苦的熏陶引导，在孩子最强烈的成长模仿期（0.5~3岁）为其提供良好示范，在他们进行自主行为时会自然而然模仿家长如何待人接物，逐步将习惯内化为良好素养。

好吃懒做、缺乏责任心的父母一般很难培养出具有责任担当与勤劳吃苦素养的孩子。

❧ 放手自主并做好责任担当与勤劳吃苦"首三次"引导 ❧

在孩子有意识地自我主导相关行为时，家长不仅要做好"首三次"引导，还要对孩子表现出的反复要予以接受。应放手让孩子做些力所能及的事情，包括百日后让孩子吃手（口手敏感期）、半岁后让孩子自己吃饭穿衣（手的敏感期）、再大一些可以自己整理玩具或帮父母做些简单家务。家长应帮孩子强化初始行为的规则与对策，引导孩子将责任担当与勤劳吃苦内化为基本素养。

放手让孩子自主是塑造其责任担当与勤劳吃苦素养的有效方式。

❧ 做好责任担当与勤劳吃苦敏感期成长 ❧

孩子责任担当与勤劳吃苦的发展敏感期为2~6岁期间，家长尤其要注重孩子2岁起责任担当与勤劳吃苦的引导铺垫。

孩子的责任担当与勤劳吃苦是在参与各种家务、活动中逐步塑造的。国内外众多教育工作者极力倡导孩子多多参与家务，很多农村孩子相对更易养成责任担当与勤劳吃苦的品质，根源即在于此。

如果孩子在最佳铺垫期（敏感期）没有得到来自家长的良好熏陶引导，而是为所欲为，那么到了后续幼儿、小学阶段乃至成人阶段都很难再形成责任担当与勤劳吃苦的素养。

❧　关注与归属感引导下的自我努力与自我上进　❧

父母通过表扬他人、故事讲述、绘本阅读、影视动画故事、道理阐述等方式，让孩子感知、认可责任担当与勤劳吃苦是父母家长关注、认可、喜欢的品质与行为，让孩子自主地为追求良好的归属感而自我努力自我上进。

❧　杜绝打骂等伤害，避免逆反消极　❧

婴幼儿阶段家长要把自信强化摆在首位。孩子没做好可责任担当与勤劳吃苦时应避免批评、杜绝打骂、避免情绪化面对等可能导致的伤害（特别是0~3岁阶段），避免造成孩子在过大压力下的惶恐甚至逆反，以及自信受损。

❧　家庭氛围与朋友圈的责任担当与勤劳吃苦强化　❧

构建良好的家庭氛围，帮助孩子建立具有责任担当与勤劳吃苦素养的朋友圈。在与该种素养不足的朋友相处时，坚持自己的良好素养并帮助对方提升，尽量避免长时间处于不良成长氛围与不良朋友圈。

3. 责任担当与勤劳吃苦的不足强化

孩子的责任担当与勤劳吃苦不足时，家长应采用"婉趣"坚持的方式对孩子的这一素养进行引导与强化，或对不良行为进行及时纠偏。

对孩子3岁后表现出的责任担当与勤劳吃苦素养不足，父母家长首先要反省原因，并重点反思在孩子成长过程中教养的不足，并及时强化和早期纠偏（一般强化1—3个月即可良好延续）。

父母在日常生活中做到责任担当与勤劳吃苦是最好的示范。

对孩子素养习惯强化纠偏的要点与难点在于父母对自身示范的反思，以及在此基础上的自我修正。若只是强制性地对孩子提出要求，甚至打骂，孩子虽然表面上可能会服从并当即强化改正，但内心的抵触与逆反很可能会逐步累积，并在一定时段后爆发（如青春期）。

4. 婴幼儿阶段责任担当与勤劳吃苦素养养成与强化日常事务

日常生活中，责任担当与勤劳吃苦养成与强化（包括纠偏）相关事务与游戏主要如下：

责任担当素养日常事务

半岁起放手让孩子做些力所能及的事情；

1岁其鼓励孩子参与家务，并能够收拾自己的玩具；

帮妈妈做事；

照看小动物；

照看、照顾弟弟妹妹。

勤劳吃苦素养日常事务

半岁起放手让孩子做些力所能及的事情，如自己吃饭穿衣等；

3岁起进一步放手并帮助孩子做些他们感兴趣的事；

4岁开始让孩子独立完成某些事情；

关注孩子的兴趣点，注意适度，避免腻烦。

十一、恒心毅力

恒心是指持之以恒的毅力，坚持达到目的或执行某项计划的决心；毅力也叫意志力，是人们为达到预定的目标而自觉克服困难、努力实现的一种意志品质。一个拥有恒心毅力、坚韧意志的孩子无疑会更易成功，更能拥有美好的人生。

1. 婴幼儿恒心毅力不足将导致的成长问题

婴幼儿阶段恒心毅力不足在日后的成长过程中虽然可以纠偏提升，但难度很大，甚至容易隐藏在内心成为隐患。

婴幼儿阶段恒心毅力不足可能带来以下几方面的问题：

比较容易导致之后成长阶段甚至一辈子恒心毅力不足的缺陷。

孩子恒心毅力不足容易被认定为不好打交道甚至是素质不高的表现，并因此不被他人喜欢甚至被排斥，导致交际能力薄弱，难以融入或构建良好的朋友圈，由此导致自信受损，甚至可能影响安全感发展。

因恒心毅力不足，容易影响主动热情礼貌尊重、性格脾气与耐心、自主独立与勇敢坚强、诚信自律与遵规守诺、乐观大度与同理心、自强自尊与积极上进、严谨认真与谦虚、责任担当与勤劳吃苦、专心专注等相关素养的良好发展，不利于孩子的最佳成长。

恒心毅力不足可能导致自信不足与不良归属感（不被认可），容易造成孩子不开心，使之难以静心思考，影响婴幼儿阶段大脑快速成长期与思维敏感期的发展，影响早期智力发展与铺垫。

恒心毅力不足可能导致的与人相处能力不足、智力智商不足等能力缺陷，影响孩子未来的学习、交际等能力的发展。

婴幼儿阶段恒心毅力不足导致的相关问题，容易导致其在后期生活与学习工作中存在更多不足与不如意，难以取得更好的成绩，进而影响一生的成长、成才与成功。

2. 婴幼儿恒心毅力养成要点

培养恒心毅力素养的关键在于良好的安全感与自信，父母家人应同时做好相关的熏陶引导，特别做好"首三次"的引导，使之内化为习惯，杜绝打骂伤害，避免逆反消极，打造良好朋友圈，共同促进提升，打造成长优性循环。还可以参与到孩子感兴趣的活动中来，如在精力许可的范围内坚持和孩子一起户外锻炼等，让孩子体验挑战的喜悦和成功，帮助孩子铺垫良好的恒心毅力。

婴幼儿恒心毅力素养养成要点包括如下：

铺垫良好安全感与自信

0岁起为孩子铺垫良好的安全感与自信，让孩子有底气坚持。

安全感与自信的不足是很多孩子无法拥有恒心毅力的主要原因之一。

与此同时，孩子的恒心毅力表现，可以得到父母家长与他人更多的关注与认可，由此同步促进孩子自信的强化。

熏陶引导下的恒心毅力素养铺垫

孩子半岁起，父母家人应以实际行动做好恒心毅力的熏陶引导，如带着孩子坚持户外锻炼，在孩子的成长模仿期（0.5~3岁）提供良好的示范，在他们进行自主行为时会自然而然模仿家长如何待人接物，逐步将习惯内化为良好素养。

经常半途而废、没有恒心的父母一般很难培养出拥有恒心毅力的孩子。

放手自主并做好恒心毅力的"首三次"引导

在孩子有意识自我主导相关行为时做好"首三次"引导，如孩子1岁起鼓励他们自己穿戴鞋帽，不打扰孩子的自主行为，令其在喜悦中取得恒心毅力的突破，帮孩子强化初始的行为规则与对策，使恒心毅力逐步内化成为素养。

鼓励孩子坚持做完自己喜欢的游戏，如下完时间较长的棋局、读了一本较厚的书籍等，均是培养恒心毅力的良好方法。

做好恒心毅力敏感期成长

孩子恒心毅力的发展敏感期为2~4岁期间，家长尤其要注重孩子2岁起恒心毅力的引导铺垫。

如果孩子在最佳铺垫期（敏感期）没有得到来自家长的良好熏陶引导，而是为所欲为，那么到了后续幼儿、小学阶段乃至成人阶段都很难再形成恒心毅力的素养。

很多父母并不注重孩子在早期的坚持，担心孩子会有压力，便经常随性变更主题，如孩子学围棋遇到了困难就停掉，英语跟不上了就改为学别的，而不是帮孩子改善学习方法，或适度降低难度、放缓进度，进而导致孩子一遇到困难就选择逃避，给孩子的健康成长带来巨大的负面影响。

关注与归属感引导下恒心毅力的自我努力

父母通过表扬他人、故事讲述、绘本阅读、影视动画故事、道理阐述等方式，让孩子感知、认可恒心毅力是父母家长关注、认可、喜欢的品质与行为，让孩子自主地为追求良好的归属感而自我努力自我上进。

杜绝打骂等伤害，避免逆反消极

婴幼儿阶段家长要把自信强化摆在首位。孩子没做好恒心毅力时应避免批评、杜绝打骂、避免情绪化面对等可能导致的伤害（特别是 0~3 岁阶段），避免造成孩子在过大压力下的惶恐甚至逆反，以及自信受损。

家庭氛围与朋友圈的恒心毅力的养成促进

构建良好的家庭氛围，帮助孩子建立具有恒心毅力素养的朋友圈。在与该种素养不足的朋友相处时，坚持自己的良好素养并帮助对方提升，尽量避免长时间处于不良成长氛围与不良朋友圈。

3. 恒心毅力不足的改善

孩子的恒心毅力不足时，家长应采用"婉趣"坚持的方式对孩子的这一素养进行引导与强化，或对不良行为进行及时纠偏。

对孩子 3 岁后表现出的恒心毅力素养不足，父母家长首先要反省原因，并重点反思在孩子成长过程中教养的不足，并及时强化和早期纠偏（一般强化 1—3 个月即可良好延续）。

父母在日常生活中做到恒心毅力是最好的示范。

对孩子素养习惯强化纠偏的要点与难点在于父母对自身示范的反思，以及在此基础上的自我修正。若只是强制性地对孩子提出要求，甚至打骂，孩子虽然表面上可能会服从并当即强化改正，但内心的抵触与逆反很可能会逐步累积，并在一定时段后爆发（如青春期）。

4. 婴幼儿阶段恒心毅力素养养成与强化日常事务

日常生活中，恒心毅力养成与强化（包括纠偏）相关事务与游戏主要如下：

放手吃，让孩子在自己动手吃饭的过程中树立早期的恒心毅力。半岁后，孩子对自己动手特别感兴趣，但动手能力较差，这种情况下对孩子的恒心毅力培养反而是极好的。

放手玩，让孩子在愉悦中树立恒心毅力。

放手动，让孩子在运动中提升恒心毅力。

放手让孩子在感兴趣的活动中升华恒心毅力。

十二、专心专注

专心专注是指一个人做事聚精会神、全神贯注。

专心专注是从事任何事情的良好基础。

专心专注有利于孩子的思维发展，也是能让孩子静下来的基础。专心专注从孩子半岁左右能够盯着小铃铛、大图片、玩具、简单风景等开始，1岁左右可以用心观察一些简单的自然现象。2~3岁阶段是专心专注素养的快速发展期。

孩子的专心专注在游戏与日常生活中养成，在感兴趣的学习与阅读中逐步提升。

孩子专心专注的养成过程中，0 岁起的安全感与自信铺垫尤为重要。很多孩子缺乏良好的安全感与自信，父母也不重视，只是一味地要求孩子静心专心，结果往往适得其反。

1. 婴幼儿专心专注不足将导致的成长问题

婴幼儿阶段专心专注不足在日后的成长过程中虽然可以纠偏提升，但难度很大，甚至容易隐藏在内心成为隐患。

婴幼儿阶段专心专注不足可能带来以下几方面的问题：

比较容易导致之后成长阶段甚至一辈子专心专注不足的缺陷。

专心专注不足的孩子易被认定为好玩好动、浮于表面的人，并因此不被他人喜欢甚至被排斥，导致交际能力薄弱，难以融入或构建良好的朋友圈，由此导致自信受损，甚至可能影响安全感发展。

专心专注不足容易影响性格脾气与耐心、自主独立与勇敢坚强、诚信自律与遵规守诺、乐观大度与同理心、自强自尊与积极上进、严谨认真与谦虚、恒心毅力等相关素养的良好发展，不利于孩子的最佳成长。

主动热情、礼貌尊重不足可能导致自信不足与不良归属感（不被认可），容易造成孩子不开心，使之难以静心思考，影响婴幼儿阶段大脑快速成长期与思维敏感期的发展，影响早期智力发展与铺垫。

专心专注不足可能导致与人相处能力不足、智力智商不足等能力缺陷，影响孩子未来的学习、交际等能力的发展。

婴幼儿阶段专心专注不足导致的相关问题，容易导致其在后期生活与学习工作中存在更多不足与不如意，难以取得更好的成绩，进而影响一生的成长、成才与成功。

2. 婴幼儿专心专注培养要点

专心专注素养培养的基本模式，是在良好安全感与自信的基础上，父母家人做好相关的熏陶引导，特别做好"首三次"的引导，使之内化为习惯，杜绝打骂伤害，避免逆反消极，打造良好朋友圈，共同促进提升，打造成长优性循环。

与孩子沟通交流时尽量做到一心一意，引导孩子一起观察小昆虫的细微活动，不要轻易打断孩子的活动与游戏，帮助孩子铺垫良好的专心专注习惯。

婴幼儿专心专注素养养成要点如下：

铺垫良好安全感与自信

0岁起为孩子铺垫良好的安全感与自信，让他们敢于展现自己的专注专心。安全感与自信的不足是很多孩子无法专注专心的主要原因之一。

与此同时，孩子专注专心的表现，可以得到父母家长与他人更多的关注与认可，由此同步促进孩子自信的强化。

熏陶引导下专心专注素养铺垫

孩子半岁起，父母家人做好专心专注的熏陶引导，如吃饭时一心一意，与孩子保持专注等，做好表率，在孩子的成长模仿期（0.5~3岁）为其提供良好示范，在他们进行自主行为时会自然而然模仿家长如何待人接物，逐步将习惯内化为良好素养。

心情浮躁、难以静心的父母一般很难培养出专心专注的孩子。

放手自主并做好专心专注的"首三次"引导

游戏是培养专心专注最好的手段。在孩子最初尝试独立完成游戏（如穿珠子、迷宫连连看等）时，家长要做好"首三次"的引导。尽量挑选难易适中的游戏，放手让孩子自己玩，而不是打断他们，坦然面对孩子出现的失误，并提供耐心的指导，帮助孩子顺利完成，给孩子强化初始的行为规则与对策，帮助孩子培养专心专注的素养。

专心专注从放手让孩子自己动手开始，比较常用的游戏包括钓鱼游戏、穿线游戏、白米里挑黑米等。

⫘ 做好专心专注敏感期成长 ⫘

孩子专心专注的发展敏感期为 2~4 岁期间，家长尤其要注重孩子 2 岁起专心专注的引导铺垫。

如果孩子在最佳铺垫期（敏感期）没有得到来自家长的良好熏陶引导，而是为所欲为，那么到了后续幼儿、小学阶段乃至成人阶段都很难再形成专心专注的素养。此外，如果父母经常动不动就打扰孩子自主行事，孩子就很容易变得不专一、坐不住。

⫘ 关注与归属感引导下的自我努力与自我上进 ⫘

父母通过表扬他人、故事讲述、绘本阅读、影视动画故事、道理阐述等方式，让孩子感知、认可专心专注是父母家长关注、认可、喜欢的品质与行为，让孩子自主地为追求良好的归属感而自我努力自我上进。

⫘ 杜绝打骂等伤害，避免逆反消极 ⫘

婴幼儿阶段家长要把自信强化摆在首位。孩子没做好专心专注时应避免批评、杜绝打骂、避免情绪化面对等可能导致的伤害（特别是 0~3 岁阶段），避免造成孩子在过大压力下的惶恐甚至逆反，以及自信受损。

⫘ 家庭氛围与朋友圈对专心专注的养成促进 ⫘

构建良好的家庭氛围，帮助孩子建立具有专心专注素养的朋友圈。在与该种素养不足的朋友相处时，坚持自己的良好素养并帮助对方提升，尽量避免长时间处于不良成长氛围与不良朋友圈。

3. 专心专注不足强化

孩子的专心专注不足时，家长应采用"婉趣"坚持的方式对孩子的这一素养进行引导与强化，或对不良行为进行及时纠偏。

对孩子3岁后表现出的专心专注素养不足，父母家长首先要反省原因，并重点反思在孩子成长过程中教养的不足，并及时强化和早期纠偏（一般强化1—3个月即可良好延续）。

父母在日常生活中做到专心专注是最好的示范。

对孩子素养习惯强化纠偏的要点与难点在于父母对自身示范的反思，以及在此基础上的自我修正。若只是强制性地对孩子提出要求，甚至打骂，孩子虽然表面上可能会服从并当即强化改正，但内心的抵触与逆反很可能会逐步累积，并在一定时段后爆发（如青春期）。

4. 婴幼儿阶段专心专注素养养成与强化日常事务

日常生活中，专心专注养成与强化（包括纠偏）相关事务与游戏主要如下：

放手孩子的吮吸，铺垫最早的专心专注；

半岁起，引导孩子一起观察小昆虫、小植物，同时与之进行细节交流；在此基础上放手让孩子观察自己感兴趣的事物；

引导孩子一心一意吃饭，避免边玩边吃；

半岁起（特别是1~3岁阶段），引导并放手让孩子专心玩，不轻易打扰，不随意打断或转换玩的主题；

外出活动时只给孩子带一两件玩具，过多的玩具不利于孩子的专心专注；

放手孩子从事自己感兴趣的活动，专心专注在过程中将得以升华；

引导孩子同一时间只专心做一件事；

根据孩子的年龄与个性特点，引导其进行一些专门的专注训练，如肢体触摸训练、轻音乐训练、冥想训练等。

十三、条理思维

条理，指层次、脉络、秩序；条理思维是指对事物内在关系及规律的清晰认知，是婴幼儿阶段思维培养的基础。

条理思维好的孩子一般遇事喜欢思考、善于思考。

生活中的兴奋点与关注度是孩子条理思维形成发展的重要催化剂，而家长说一不二的死板命令与言语打击则是条理思维发展的拦路虎。

孩子的条理思维在日常游戏中养成，在故事阅读中逐步提升。有针对性的早教可以对条理思维的提升起到良好的促进作用。

条理思维最早伴生于孩子的玩耍。从图片形态颜色的认知、区分到玩具的归类整理，在到物品大小种类的划分等，由简单逐渐复杂，孩子的条理逐步清晰。

条理思维在成长的各个阶段具有良好的传承性，婴幼儿阶段铺垫良好的条理思维对后期的成长大有裨益。

1. 婴幼儿条理思维不足导致的成长问题

婴幼儿阶段条理思维不足在日后的成长过程中虽然可以纠偏提升，但难度很大，甚至容易隐藏在内心成为隐患。

婴幼儿阶段条理思维不足可能带来以下几方面的问题：

比较容易导致之后成长阶段甚至一辈子条理思维不足的缺陷。

孩子缺乏条理思维容易被认定为脑子笨、不聪明、思维简单，并因此不被他人喜欢甚至遭人利用，导致交际能力薄弱，难以融入或构建良好的朋友圈，由此导致自信受损，甚至可能影响安全感发展。

因条理思维不足，容易影响主动热情礼貌尊重、自主独立与勇敢坚强、自强自尊与积极上进、严谨认真与谦虚、责任担当与勤劳吃苦等相关素养的良好发展，不利于孩子的最佳成长。

缺乏条理思维可能导致自信不足与不良归属感（不被认可），容易造成孩子不开心，使之难以静心思考，影响婴幼儿阶段大脑快速成长期与思维敏感期的发展，影响早期智力发展与铺垫。

缺乏条理思维可能导致的与人相处能力不足、智力智商不足等能力缺陷，影响孩子未来的学习、交际等能力的发展。

婴幼儿阶段条理思维不足导致的相关问题，容易导致其在后期生活与学习工作中存在更多不足与不如意，难以取得更好的成绩，进而影响一生的成长、成才与成功。

2. 婴幼儿条理思维养成要点

培养条理思维素养的基本模式，是在安全感与自信良好铺垫的基础上，父母家人做好相关熏陶引导，通过共同游戏等方式为孩子铺垫良好的条理思维，做好"首三次"（前几次）的引导，使之内化为习惯，杜绝打骂伤害，避免逆反消极，打造良好朋友圈，共同促进提升，打造成长优性循环。

婴幼儿条理思维素养养成要点如下：

❧ 铺垫良好安全感与自信 ❧

没有良好安全感与自信的孩子难以静心思考，条理思维难以得到良好的发展。

孩子具有良好的条理思维，可以得到父母家长与他人更多的关注与认可，由此同步促进自信的强化。

❧ 熏陶引导下条理思维素养铺垫 ❧

孩子半岁以后，父母家人应进行相关的熏陶和引导，如和孩子一起整理物品时按不同思路归类，同一游戏扩展出不同的玩法等，在孩子最强烈的成长模仿期（0.5~3岁）为其提供良好示范，在他们进行自主行为时会自然而然模仿家长如何条理思维，逐步将习惯内化为良好素养。

思维刻板的父母很难培养出具有条理思维的孩子。

放手自主并做好条理思维的"首三次"引导

在孩子有意识地自我主导相关行为时，家长要做好"首三次"引导，如孩子二三岁时鼓励其尝试迷宫的不同走法、积木的不同组合、讲故事时的联想等，帮孩子强化初始的行为规则与对策，并逐步将条理思维内化为良好的素养。

玩具分类整理、故事接龙等，均是塑造孩子早期条理思维的常用手段。

做好条理思维敏感期成长

孩子条理思维的发展敏感期为 2~5 岁期间，家长尤其要注重孩子 2 岁条理思维的引导铺垫。

除了以上说过的培养条理思维的手段，智力早教对孩子的条理思维发展也能起到一定的促进作用。

如果孩子在最佳铺垫期（敏感期）没有得到来自家长的良好熏陶引导，那么到了后续幼儿、小学阶段乃至成人阶段都很难再形成条理思维的素养。

关注与归属感引导下条理思维的自我努力

父母通过表扬他人、故事讲述、绘本阅读、影视动画故事、道理阐述等方式，让孩子感知、认可条理思维是父母家长关注、认可、喜欢的品质与行为，让孩子自主地为追求良好的归属感而自我努力自我上进。

杜绝打骂等伤害，避免逆反消极

婴幼儿阶段家长要把自信强化摆在首位。孩子没做好条理思维时应避免批评、杜绝打骂、避免情绪化面对等可能导致的伤害（特别是 0~3 岁阶段），避免造成孩子在过大压力下的惶恐甚至逆反，以及自信受损。

家庭氛围与朋友圈对条理思维的养成促进

构建良好的家庭氛围，帮助孩子建立具有条理思维素养的朋友圈。在与该种素养不足的朋友相处时，坚持自己的良好素养并帮助对方提升，尽量避免长时间处于不良成长氛围与不良朋友圈。

3. 条理思维不足强化

孩子的条理思维不足时，家长应采用"婉趣"坚持的方式对孩子的这一素养进行引导与强化，或对不良行为进行及时纠偏。

对孩子 3 岁后表现出的条理思维不足，父母家长首先要反省原因，并重点反思在孩子成长过程中教养的不足，并及时强化和早期纠偏（一般强化 1—3 个月即可良好延续）。

父母在日常生活中做到条理思维是最好的示范。

由于条理思维具有更多内属性，必要时对孩子进行这方面的早教学习大有裨益。

对孩子素养习惯强化纠偏的要点与难点在于父母对自身示范的反思，以及在此基础上的自我修正。若只是强制性地对孩子提出要求，甚至打骂，孩子虽然表面上可能会服从并当即强化改正，但内心的抵触与逆反很可能会逐步累积，并在一定时段后爆发（如青春期）。

4. 婴幼儿阶段条理与思维素养养成与强化日常事务

日常生活中，条理思维养成与强化（包括纠偏）相关事务与游戏主要如下：

❧　条理思维对策日常事务　❧

引导孩子对动物等进行趣味性分类，早期分类尽量简单化；

0.5~1 岁开始在每次玩耍、阅读后与孩子一起整理用过的各种用品，并进行粗略分类整理；

1~2 岁阶段的整理可以和家长一起完成，2 岁后以孩子自己整理为主，3 岁后逐步做到细节分类；

3个月起给孩子讲述带有大图的故事，启发思维；

6个月起带孩子识别各种好玩的动植物，初步铺垫鉴别的思维；

1~2岁可以逐步涉及童话故事；

2岁左右开始简单的故事接龙（同一场景的不同发展方向），拓展思路；

3岁左右开始对故事广度、深度、可变性进行拓展；

对孩子提出的问题进行讨论，引导其遇事多问多想。

Chapter 3

第四章

婴幼儿阶段良好习惯的培养

习惯是自主的行为惯性，是素养内化的前提，是素养的外在表现。

良好习惯的培养是打造省心孩子的重要保障。

婴幼儿阶段若没有养成良好的习惯，对后续成长将带来巨大的影响，甚至发展成终生的不良习惯。

习惯养成是一个系统工程，足够的安全感和自信是养成良好习惯的基础，良好的相关素养是习惯的核心。

最早的习惯来自孩子对父母熏陶引导的模仿，父母放手自主是前提（没有自主就不会有发自内心的习惯），良好的规则强化是重要的影响因素，父母的关注与奖罚是重要的动力。

本章将从吃、睡、玩、说、行、处、读、思、学、劳等方面对孩子良好习惯的养成进行分析探讨。

一、习惯的分类及与素养的关系

习惯是积久养成的生活与行为方式，是日常生活中规律性、重复性的行为表现。

习惯是指一个人模仿他人行为形成的经常性行为；或是遵照社会规则，自然而然表现出来的自主性行为。

习惯是自主基础上的行为惯性，没有自主的行为只是完成任务或应付，只有成为发自内心的、自然而然的自主惯性行为才能成为习惯。

婴幼儿的初始习惯一般都是孩子对父母熏陶引导行为的模仿而产生；或是在个人意志与规则作用下，以素养为核心规则自我强化形成。

1. 习惯的分类

婴幼儿孩子的良好习惯包括以下方面：

吃：吃的良好习惯包括尽量母乳喂养、饮食清淡习惯、少零食习惯、不挑食不偏食饮食多样化习惯、吃的饥饱适度与适量习惯、自己动手与主动吃饭习惯等方面。

睡：睡觉良好习惯包括良好入睡与睡眠踏实、睡眠充足与睡眠规律性、睡前故事与睡前阅读、睡前睡后事物自己打理习惯等方面。

玩：玩指玩耍、游戏、娱乐等事项，玩的良好习惯包括玩的专心专注习惯、玩的思维拓展与思维深究习惯、玩的勤动手与巧动手习惯、玩乐分享共享习惯、玩的抗挫折铺垫、玩的适度与不良成瘾规避等方面。

说：说指述说、聆听、交流等方面，说的良好习惯包括说的清晰表达习惯、说的平等交流与礼貌尊重习惯、说的交心与温情习惯、说的风趣习惯、听故事与故事互讲习惯、脏话谎话规避习惯等方面。

　　行：行指活动与运动，行的良好习惯包括放手动与活动运动能力培养、活动运动兴趣培养、活动运动畏难与惰性规避、活动运动中的安全习惯等方面。

　　处：处指交流交际与相处，处的良好习惯包括受人喜欢习惯、家庭相处习惯、幼儿园相处习惯、相处中的平等尊重诚信习惯等方面。

　　读：读指阅读，读的良好习惯包括阅读兴趣、阅读理解习惯、自主阅读习惯等方面。

　　思：思指思考，思的良好习惯包括条理习惯、思维习惯、喜琢磨思考习惯等方面。

　　学：学指学习，学的良好习惯包括学习兴趣培养、认真专注习惯、理解与思考习惯、自主学习习惯、认真作业与自主作业习惯等方面。

　　劳：劳指自己事务、家务与劳动，劳的良好习惯包括自理自立习惯、劳动兴趣习惯、主动劳动习惯等方面。

2. 习惯与素养的相互关系与相互促进

　　素养是内在心理惯性，习惯是外在行为惯性，素养与习惯相辅相成、相互促进、相互提升。

　　素养是习惯的基础，习惯是素养的外在表现。

　　素养决定着习惯的优劣表现，好素养决定好习惯，不好的素养导致不好的习惯；习惯影响着素养的优劣，好的习惯铺垫好的素养，不好的习惯塑造不好的素养。

　　习惯是成长规则内化成素养的过程，对于存在不足的素养，通过行为习惯的强化可以达到素养纠偏的效果。

3. 习惯与能力

　　习惯是素养与综合素质的外在行为表现，是社会规则内化成素养与综合素质的过程。

从广义角度理解，习惯也是一种能力，如吃的不偏食不挑食能力、睡的睡前睡后事务自己打理能力、玩的动手能力、说的平等交流能力、行的活动运动能力、处的交流交际能力、读的阅读理解能力、思的条理思维能力、学的自主学习能力、劳的自理自立能力等，同样都是能力的广泛表现。

鉴于此，为避免重复性，自我成长教育主要对素养与习惯进行养成分析，对相应能力不再重复探讨。

二、吃的习惯

婴幼儿阶段吃的良好习惯包括：口味清淡、少零食习惯、不挑食、不偏食、饮食多样化习惯、饥饱适度习惯、自己动手吃饭习惯等方面。

吃是身体成长所需营养保证的基础，影响着个体精神状态与高矮胖瘦，对长远健康与外表形象影响巨大；与此同时，由于吃是孩子成长过程中最基本的日常行为，吃的良好习惯对相关素养与其他相关的良好养成带来巨大促进。

婴幼儿阶段吃的习惯，是后期成长阶段甚至一辈子良好饮食习惯的良好铺垫。

吃的良好习惯养成，出生起清淡口味打造是必须的特别要点。

1. 尽量母乳喂养

母乳喂养对成长的促进

母乳是婴儿最好的食品，最好的营养保证，是婴儿早期免疫力的重要来源。

哺乳是婴儿口唇安慰与怀抱深拥等母爱获取最佳途径，是亲情塑造的最早、最有效手段，是新生儿安全感、自信的重要促成与有效铺垫。

哺乳吮吸过程是对婴儿嘴与心肺功能的最好锻炼，是免疫能力与体质健康的最佳保证。

母乳喂养利于清淡口味的养成，并进而对日后不挑食、不偏食、少零食等习惯养成形成良好铺垫。

❧　母乳喂养的相关要点　❧

孕期做好产妇健康与营养保证；

孩子降生后让孩子尽早吮吸乳头，以尽早开启孩子吮吸功能，尽早促进乳汁分泌；

奶水不足时尽早做好辅助催乳；

产妇需用药时需尽量规避药品对婴儿的影响，并采取其他吮吸方式促进乳汁正常分泌；

在第三个月开始逐步添加辅食，辅食经常变化为后期多样化饮食作铺垫；

哺乳时间不宜少于6个月，尽量达到12—18个月；

安全感不足的孩子可适当延长哺乳期（到18—24个月），有利于安全感强化；

尽量自然断乳，切忌采取妈妈借故消失等手段强制断乳，避免因断乳对孩子安全感与自信造成伤害。

2. 清淡口味习惯

❧　清淡口味习惯的巨大成长促进　❧

清淡口味是极其重要的基础饮食习惯，清淡口味是少零食、饮食多样化、饮食适量等良好习惯的重要基础，是孩子营养均衡的重要保证，是预防肥胖及避免成年后肾功能伤害、三高病等疾病的重要前提。

清淡口味习惯养成的相关措施

婴幼儿清淡口味习惯养成必须从出生开始；

出生第一口尽量用清水或微苦茶；

新生儿尽量清水喂养与母乳喂养（或淡口味奶品喂养）；

半岁后的辅食添加尽量清淡；

孩子 1 岁前尽量无盐、2 岁前尽量少盐；

在孩子 2 岁之前尽量杜绝甜咸重口味食品与饮料；

孩子二三岁前尽量杜绝零食；

3 岁左右尽量少盐；

后续成长阶段尽量养成少盐、少糖、少零食习惯；

在 3~6 岁及后续成长阶段延续并保持良好的清淡口味习惯。

清淡口味习惯的特别强调

必须出生起开始铺垫；

做好二三岁前"清淡供给"；

二三岁前杜绝饮料与零食。

婴幼儿孩子在一两岁前的清淡口味铺垫至关重要，在此阶段如果给孩子喂食甜咸食品或零食饮料，不仅给孩子脾胃与肾脏增加负担，更可能造成孩子对甜咸重口味的依赖，造成对清淡口味习惯的排斥与破坏。

0~2 岁婴幼儿自我活动能力有限，加之孩子因未曾尝试不会对甜咸重口味有强烈渴望，家长完全可以做到在二岁前不给孩子提供甜咸食品、饮料与零食。

二岁前，很可能一两次甜口味饮料、零食的尝试就可能让孩子因此而迷恋上重口味。

在婴幼儿阶段特别是新生儿婴儿期，无论清水还是清淡母乳对孩子都是美味，父母家长不必担心清淡口味会使孩子乏味。

3. 少零食习惯

❧　**零食习惯的危害**　❧

零食习惯一旦养成，其对孩子的诱惑是巨大的、难以抗拒的。

零食习惯对孩子的危害，首先在于零食对孩子娇嫩肠胃的不良影响；其次在于破坏清淡口味，零食容易挤占肠胃空间，特别容易造成孩子挑食、偏食、厌食造成一系列不良饮食习惯；其三在于零食习惯容易造成孩子对吃的过分追求与依赖，不利于孩子自律毅力、自控意志等良好素养的养成。

❧　**少零食习惯培养相关措施**　❧

必须在0岁起做好清淡口味习惯的铺垫；

尽可能母乳喂养，利于清淡口味的铺垫；

二三岁前（特别是2岁前）杜绝饮料与零食的尝试；

在接触零食前做好饮食多样化铺垫；

半岁起尽可能铺垫孩子对各类水果尝试，引导良好水果习惯，尽量用水果代替零食；

家里应规避上瘾型的重口味零食；

避免隔辈老人或其他亲人（亲戚）用零食吸引、满足孩子；

避免用零食等重口味食品奖励孩子；

在铺垫健康食品多样化后，适时与孩子计划性、节制性品尝零食；

给孩子的少零食习惯以认可与赏识；

二三岁后理解并适当支持孩子的适当尝试，避免批评打骂，避免高压严控，避免逆反；

3岁前做好了清淡口味、不挑食、不偏食习惯的养成，做好了零食的规避，孩子一般就能初步铺垫良好的少零食习惯；

3~6岁在此基础上提升并养成良好的少零食习惯。

⮞⮞⮞　少零食习惯的特别强调　⮜⮜⮜

少零食习惯必须在 0 岁起清淡口味习惯基础上养成；

二三岁前杜绝重口味饮料、零食的尝试；

3 岁前做好清淡口味、不挑食、不偏食习惯的养成，做好零食的规避，是良好的少零食习惯养成的有力保证。

4. 不偏食、不挑食与饮食多样化习惯

⮞⮞⮞　不偏食、不挑食与饮食多样化习惯巨大的成长促进　⮜⮜⮜

不偏色、不挑食与饮食多样化习惯是营养多样化的保证，是孩子良好饮食习惯的重要核心，是少零食习惯的重要弥补，是孩子身体健康成长的重要保障，是孩子自控、自律素养的重要铺垫与促进。

⮞⮞⮞　不偏食、不挑食与饮食多样化习惯相关措施　⮜⮜⮜

出生起清淡口味习惯的铺垫，清淡口味习惯利于孩子对各样食品口感的接受；

半岁后辅食添加阶段逐步添加各类健康菜蔬，尽可能多尝试各类食材各类食品；

各类食品尽量清淡原味，尽量避免重口味加工法；

二三岁前尽量避免零食（特别是饮料）的尝试；

在孩子出现不良习惯时，予以理解引导，避免批评与高压，杜绝打骂伤害导致的逆反；

对于经常吃的蔬菜肉类等尽量在二三岁前达到初步接受、基本喜欢的程度；

3 岁左右初步铺垫良好饮食多样化习惯；

3~6 岁提升并养成不偏食不挑食与饮食多样化习惯。

5. 吃的适量习惯

✦ 过少吃、过多吃的不良危害 ✦

吃的适量是指吃量合适与营养、热量均衡。

饥饱适度是吃适量的核心，既要避免吃不饱，也避免吃过量。

吃不饱或吃过量容易影响肠胃等消化系统的健康成长，可能造成肠胃过小、过大等不良现象，甚至引起肠胃负担重、积食疾病、营养过剩、肥胖等超营养现象，或导致体弱、身材瘦小等营养不良现象，导致影响身体成长与健康体质。

当今中国，因食物不足而吃不饱的现象已经很少，正常餐饮吃不饱的主要原因是由于过度的零食习惯所致。

✦ 适量吃习惯培养措施 ✦

哺乳阶段适量吃；一般八九分饱，避免吐奶；

辅食添加阶段适量吃：过饱喂养导致的胃容量过大、过饱胃口习惯所致；

铺垫清淡口味习惯，铺垫不挑食、不偏食习惯，打造孩子对各类食品的喜欢；

引导孩子自己动手吃饭，引导并养成饥饿程度与适度餐量的自我控制；

不追着喂，避免溺爱型过度喂养；

铺垫不暴饮暴食、不过量食、不欠量食的规则意识；

避免二三岁前的零食接触与尝试，养成不零食、少零食的良好习惯；

饭后适度活动习惯养成，活动运动配套习惯；

对于喜欢过饱孩子，引导餐前喝汤习惯，降低主食量；

采取喜好食品与不喜欢食品的搭配均衡，弱化食品的偏好；

做好营养均衡，做好热量均衡；

3岁前初步铺垫适量饮食习惯；

3~6岁提升并强化适量饮食习惯。

6. 自己动手吃饭与主动吃饭习惯

自己动手吃饭与主动吃饭习惯的成长促进

自己动手吃饭与主动吃饭是孩子迟早会学会的小事情，但在不少婴幼儿阶段甚至小学阶段孩子父母很可能为此而大伤脑筋。

自己动手吃饭与主动吃饭对孩子动手能力、手的灵活协调性、不懒惰、自理自立能力、智力发展等方面的重要促进，是对孩子自信、自主、责任的良好素养的早期铺垫；是孩子动手敏感期的重要成长手段。

相关措施

孩子 1—2 个月起放手吮手，培养孩子动手能力与动手意识；

半岁起逐步放手孩子自己吃饭，但应注意孩子不被噎着、呛着、烫着；

不要担心弄脏衣服、弄脏餐桌、弄脏地板，2 岁前妈妈耐心收拾整理，二三岁后孩子逐步一起或独自收拾整理；

铺垫良好清淡口味与不挑食不偏色、饮食多样化习惯，铺垫孩子吃的良好口味喜欢自己动手；

二三岁前避免零食尝试，做好孩子不零食或少零食习惯，让孩子更多安心主食，让孩子愿意自己动手；

各种菜品尽量花样多样化，提升孩子吃的兴趣，让孩子开心动手；

适度地与好朋友一起吃、比赛吃，提升吃的竞争与趣味；

养成固定餐桌吃饭的习惯，静心于餐桌吃；

不追喂，让孩子饿了主动吃，自主把握；

对孩子的用心吃予以鼓励和帮助，避免否定，杜绝打骂；

在 3 岁前初步养成自己吃、主动吃的良好习惯；

3~6 岁阶段在此基础上提升。

7. 不追喂与不强制吃

❧ **不追喂、不强制吃的成长促进** ❧

追着喂、强制吃、求着吃是不少宠溺型孩子的常见现象，是一种很不利于孩子自主成长的表现。

追着喂不仅可能让孩子吃不饱、导致摔跤、导致噎着不安全，不利于孩子自主意识、自我责任的良好养成，更容易让孩子向不守规矩、无原则、不专心、不自律方向发展，还会让孩子感觉吃饭是他对父母的一种"恩赐"，很容易造就未来的"白眼狼"孩子。

❧ **不追喂、不强制吃的相关规避对策** ❧

从孩子出生一两个月起放手吮手做好自主铺垫；

对孩子行为尽量引导，引导而不强制孩子；

不养成抱着孩子边走边吃的习惯；

养成少零食、不零食习惯，保持孩子对餐饮的兴趣；

从半岁喂养辅食起即让孩子在餐桌（或孩子餐桌）前吃饭，离开了餐桌就结束餐饮；

父母家长可以引导吃，引导不了即放弃，在孩子下一顿饿了再吃；

用花样化餐品提升吃的吸引力；

用朋友一起争着吃、比赛吃等方式引导吃；

引导吃，避免强制吃，避免吃的逆反；

对孩子吃的行为予以关注，孩子分内事不表扬，避免孩子认为吃是为父母完成任务；

对孩子表现不好时予以鼓励引导，避免批评杜绝打骂；

寻求朋友圈的良好表率，寻求楷模的示范；

孩子3岁前养成不追喂、不强制吃的习惯；

3~6岁在此基础上保持并提升。

8. 吃的其他良好习惯

吃的其他良好习惯包括以下方面：

及时回应与准时就餐：是对父母家长呼唤吃饭的及时回应，以及按时准点就餐。让孩子懂礼貌且懂得尊重他人（父母）的劳动成果，懂得在乎他人（父母）的感受，是对孩子礼貌尊重、不拖拉等素养习惯具有良好促进。

餐饮礼仪与感恩习惯：餐饮礼仪包括餐饮文明、礼让、恭敬、心怀感激等，有利于感恩与亲情等素养的良好培养。

专心吃习惯：吃的专心包括吃饭时一心一意（不同步看电视不打闹等），有利于孩子专心专注、自律等素养良好铺垫，也可避免吃的呛着、噎着、摔伤等安全隐患。

餐桌定点吃的习惯：一般是固定在餐桌吃，不在床上、书桌等地方吃饭，铺垫孩子遵规守矩、自律的良好素养习惯。

餐前准备餐后整理与餐品制作参与习惯：餐桌准备与餐后整理在孩子一岁半岁后孩子兴趣期逐步引导参与，餐品制作（包括摘菜准备等）在二三岁后逐步参与，是对孩子家务兴趣、动手能力、责任、勤劳、亲情等素养习惯的良好铺垫。

9. 吃的良好习惯对素养的固化与强化

吃的不同习惯对相关素养具有良好的固化与强化作用，主要表现包括：

母乳喂养——铺垫良好的爱、亲情与依恋，对安全感、自信、爱心善良、主动热情、性格脾气、耐心、自主独立、勇敢坚强、专心专注等素养带来良好的铺垫；

饮食清淡习惯——对耐心、自主独立、恒心毅力等素养带来良好的固化与强化；

少零食习惯——对耐心、自主独立、遵规自律、恒心毅力等素养带来良好的固化与强化；

不偏食不挑食与饮食多样化习惯——对性格脾气、耐心、自主独立、遵规自律、自强自尊、恒心毅力等素养带来良好的固化与强化；

吃的适量习惯——对自主独立、遵规自律、自强自尊、积极上进等素养带来良好的固化与强化；

自己动手与主动吃饭习惯——对安全感、自信、耐心、自主独立、遵规自律、自强自尊、积极上进、责任担当、恒心毅力等素养带来良好的固化与强化；

避免追喂与强制吃的习惯——对自信、性格脾气、耐心、自主独立、遵规自律、同理心、责任担当等素养带来良好的固化与强化。

若孩子存在素养不足，可根据相关对应关系，对相应习惯予以引导，借此纠偏并强化相关素养。

与上述关系相对应，相关素养对相应良好习惯的构建带来良好铺垫与促进。

小结　婴幼儿良好吃的习惯培养模式

婴幼儿阶段孩子吃的良好习惯最佳养成模式如下：

做好胎儿健康与合理营养铺垫→尽可能母乳喂养→0岁起必须做好清淡口味铺垫，喝水只饮用清水，避免糖水杜绝盐水→半岁起辅食添加起尽可能铺垫引导食品多样化品尝，铺垫不挑食不偏食→一岁前尽量无盐，二三岁前尽量少盐→二三岁前杜绝饮料与杜绝零食→二三岁前尽量养成食品多样化与不挑食习惯→3岁前初步铺垫少零食习惯→从哺乳阶段开始养成八九分饱习惯，3岁前初步养成适量与饥饱适度习惯→对孩子努力做的予以关注、认可→对孩子做得不足的予以婉趣引导与鼓励帮助，少表扬（吃是分内本能只关注不表扬），避免批评，杜绝打骂→孩子3岁左右初步铺垫吃的良好习惯→3~6岁提升并初步养成良好的餐饮习惯。

三、睡的习惯

婴幼儿阶段的睡眠习惯主要包括睡得快、睡得香、睡眠充足、良好睡眠规律、睡前故事（含初始阅读）习惯、睡前睡后事务习惯等。

充足睡眠是孩子身体发育与体质健康的基本前提，睡眠习惯与睡眠质量深度影响着孩子的生长发育与日常精力，对婴幼儿阶段孩子身体健康与生长发育影响重大。与此同时，睡与睡过程中的良好习惯对相关素养内化与强化带来有效促进。

孩子良好习惯的养成，良好的安全感铺垫是重要基础。

孩子后期阶段睡眠习惯，取决于婴幼儿阶段睡眠习惯的良好铺垫。

1. 充足睡眠与睡眠规律性习惯

❧ 0 岁起良好睡眠规律性习惯养成很重要 ❧

让孩子睡够是新生儿健康成长的基本前提，但睡够不等于完全的任意睡。从新生儿阶段起，通过哺乳时间的适度白天偏向、逗乐时间的白天偏向以及换取尿裤等事项的适当偏向等，逐渐地引导孩子偏向于晚上适度多睡、白天适度多玩的规律性习惯，从 0 岁起逐步引导避免孩子睡眠黑白颠倒的现象，为后续良好的睡眠规律做铺垫。

不少父母与祖辈父母出于对孩子的特别喜爱，或是由于孩子体弱不易入睡、睡不踏实等原因，认为抱着孩子睡能够给孩子带来更好的睡眠。这种抱着睡的做法很容易被孩子"赖上"，继而容易导致孩子的过度依赖，应尽可能避免抱着睡的现象。

从出生第一天起做好孩子的睡眠习惯，对后续睡眠习惯与规律性睡眠铺垫很重要。

❧　充足睡眠是睡眠规律性的前提　❧

婴幼儿阶段睡眠的首要是尽可能保证充足睡眠，并在充足睡眠基础上打造良好的睡眠规律性习惯。

睡眠充足与睡眠规律性习惯的要点包括如下：

身体健康与无病痛是基础；

充足的睡眠必须建立在良好的安全感基础之上，没有良好安全感的孩子很难睡得安稳，很难有良好的睡眠质量，充足睡眠无法保证；

不批评打骂孩子，让孩子尽量拥有良好心情；

尽量做到不饥饿，在睡前与睡的过程中避免喂得过饱；

尽量做到心情愉悦，尽量做到睡前静心；

睡前必要的父母陪伴（尽量母亲）；

播放背景轻音乐，或轻松哼唱入睡；

孩子一岁后可开启语音故事或父母讲故事伴随入睡。

❧　幼儿园阶段的按时起床　❧

开启幼儿园生活后按时起床是很多父母头疼的大事。

幼儿园阶段要做到按时起床的核心对策，在于睡眠充足的保证与睡眠规律性的良好塑造。

很多孩子没有良好的作息习惯，进入幼儿园之前没有培养良好的睡眠规律性习惯，孩子没有睡够当然是很难做到按时起床的。

很多一早被父母催促起床的孩子很容易闹情绪，如果解决了睡眠充足与睡眠规律性按时起床的问题，则这种自创情绪是会自然弱化甚至完全消失的。

幼儿园阶段孩子做到按时起床的要点包括如下：

铺垫良好安全感，打造良好睡眠质量；

尽量从 0 岁起铺垫良好的规律性睡眠习惯；

每个人需要不同的睡眠时间，根据孩子的实际情况确定孩子合理的充足睡眠时间；

给予孩子睡眠时间按照充足睡眠时间的 1.1~1.2 倍时间预留睡眠时间；

在保证合理睡眠时间前提下确定开始睡眠时间，确定对应上床安静时间；

过度睡眠易使得孩子晚上难以按时入睡，尽量避免过度睡眠；

到了计划睡觉时间按时上床，提前做好睡前故事等静心铺垫，提前 10 分钟进入轻音乐或静音入睡阶段；

做好总体生活规律铺垫，尽量减少夜间大小便；

尽量早睡，尽量让孩子形成规律性自然醒；

早晨预定时间，达到充足睡眠时间时采用音乐提醒、爱抚与亲吻是最好的唤醒等方式；尽量避免早晨催醒、强制唤醒孩子。

2. 睡得快与睡眠踏实习惯

睡得快与睡眠踏实习惯取决于孩子身体健康、餐饮适度、睡前静心、父母陪伴、不惊恐、不被打扰等因素，主要要点包括如下：

安全感与自信是良好睡眠的基础与前提；

身体健康：良好的体质与健康心态，尽量不带心思；

餐饮适度：尽量做到不过饱、不饥饿，早期哺乳期时尽量掌握孩子的睡眠规律；

睡前收心与静心：提前半小时左右做好睡前静心，采取睡前故事、睡前阅读是良好的睡前静心措施，睡前十分钟播放轻音乐；

平和情绪：睡前不过度表扬不过度兴奋，不批评惩罚孩子不情绪低落，保持平和情绪与静心；

父母陪伴与交流：孩子 3 岁前需要父母的陪伴才能安心睡觉，故事阅读之后，在音乐背景下简单交心与安抚，让孩子不留心思，解除当天心结后互道晚安入睡；

不惊恐：在婴幼儿阶段（特别是 3 岁前）尽量不让孩子接触鬼怪等恐怖故事，若有接触帮孩子聊开淡化；

不被打扰：尽量保持安静的睡眠环境；睡前尽量做好规律性大小便减少

夜间打扰；晚餐后适度少喝水；早期哺乳夜奶尽量规律，尽量减少次数。

3. 独自睡觉习惯的养成

独自睡觉是孩子安全感、自信、不过度依赖、勇敢坚强等素养与生活习惯的综合，孩子在3岁后可以开始独自分床睡觉，一般不晚于6岁。

过晚分床睡不利于孩子的成长。

独自睡觉习惯的养成包括如下：

良好的安全感是基础，没有良好安全感而强制孩子"勇敢地"单独睡觉，会导致孩子的安全感进一步受损，使得孩子内心更加恐惧更加胆小更加不"勇敢"；

放手是重要前提，给孩子尽量的放手，孩子在三岁左右会把自己分床单独睡觉作为好玩进行尝试；

在分床睡之前，提前半年逐步不抱着睡，是分床单独睡的重要措施；

分床睡之前，在孩子健康与心情良好时，孩子熟睡过程中适当地"溜号"让孩子单独睡后半场；

不要给孩子强调单独睡觉就是勇敢，而是尽量趣味地说成咱们玩个单独睡觉的游戏；

在单独睡觉之前，让父亲、母亲或爷爷奶奶适度地（或经常地）交换着陪孩子睡，对孩子的单独睡是一个良好铺垫；

在单独睡觉之前，让孩子与小伙伴一起睡是单独睡的很好历练；

分床单独睡尽量做到正常的熄灯睡觉，早期尽可能给孩子开个小夜灯；

开启单独睡时，尽量在孩子身体好心情好时开启，身体不好、心情不好时开始单独睡容易导致分床的失败，甚至不利于孩子内在安全感与健康心理。

4. 睡前故事与阅读习惯养成

睡前故事从孩子半岁左右开启，终止于孩子开启自主阅读时段。睡前故事习惯大多贯穿整个婴幼儿阶段，甚至延续到小学阶段。

每天故事可以与睡前阅读相结合，时间一般 5~30 分钟较合适；睡前故事可以每天进行或隔天进行；可以父母轮流讲；可以适时用电子播报代替；在孩子具备相应能力后可以逐步转化为孩子自主阅读。

每天睡前故事是孩子最重要的成长促进手段之一，是父母对孩子最好的早教。

⤳　睡前故事习惯的成长促进　⤲

是孩子睡前收心、静心的重要手段；

是孩子认知、成长规则、知识储备铺垫的重要渠道；

是孩子语言、亲子互动、交流、交心强化的重要手段；

是孩子良好的思维引导；

睡前故事可以语音播放为主，父母讲述为辅；

父母讲述时，尽量与图片、绘本、书籍相结合，同步引导孩子对书本与阅读的兴趣。

⤳　睡前故事习惯养成要点主要包括如下　⤲

出生起良好安全感、自信铺垫，利于孩子安心听、静心听；

0 岁起开启睡前轻音乐陪伴；半岁起逐步转化为睡前朗读播音，或语音故事播报，每次 5~10 分钟；

1 岁起开启间隔式插入父母睡前故事讲述，每次 5~10 分钟，为强化感官结合，可适当与图片、画册结合，每次 5~10 分钟；

2 岁起父母讲述时开始互动，并插入一些字词与关键点的重点讲述，引导字词理解与思维理解；

3 岁起课逐步开启故事互讲，引导孩子的语言表达与思维；

每次播报讲述内容根据孩子的年龄与兴趣由简渐深，讲述主题可结合孩子认知、成长规则、知识储备等方面选取；

在孩子 3 岁前杜绝鬼怪故事，尽量整个婴幼儿阶段都规避（孩子外面听到后坦然疏导淡化）；

Chapter 4

睡前故事尽量父母轮流讲述，便于父母各自的亲子关系强化，便于理解感受不同风格与思路；

到了约定时间可转换成轻音乐模式，便于按时休息。

5. 睡前睡后事务习惯

❦　养成睡前睡后事务习惯的必要性　❦

睡前睡后事务包括自己穿脱衣服（1岁左右）、力所能及地自己整理床被（2岁左右）、自己洗漱（3岁后）等活动，还可拓展为睡觉前对自己玩具书籍等物品的归类整理与准备。睡前睡后事务习惯能够容易每天坚持，是培养孩子自理自立能力、自主意识、良好思维等方面的有效促进，是勤劳吃苦、责任心等素养的良好铺垫。

❦　良好的睡前睡后事务习惯要点包括如下　❦

3—12个月放手孩子的吃手、动手等事务，铺垫动手兴趣与能力；

1~2岁放手并帮助孩子自己穿脱衣服；

2~3岁孩子自己逐步完成独立的睡前睡后穿脱衣袜鞋等活动；

孩子做不好时予以帮助；

对孩子事务行为予以引导而不强制，不做或做不好时杜绝打骂；

关键点在于开心地喜欢做，二三岁前重点在于孩子参与做向独自做逐步过渡，3岁后逐步向做好逐步提升；

对孩子努力做的予以关注、认可，必要时予以适当表扬甚至奖励；

对孩子做得不足的予以鼓励与帮助，避免批评，杜绝打骂；

孩子3岁左右初步养成良好睡前睡后事务习惯；

3~6岁保持良好睡前睡后事务习惯。

6. 睡的良好习惯对素养的固化与强化

睡的不同习惯对相关素养具有良好的固化与强化作用，主要表现包括：

充足睡眠与睡眠规律性习惯——对安全感、自信、性格脾气、耐心、自主独立、勇敢坚强、恒心毅力、专心专注等素养带来良好的固化与强化作用；

睡前故事与睡前阅读习惯——对自信、性格脾气、耐心、自主独立、积极上进、恒心毅力、专心专注等素养带来良好的固化与强化作用；

睡前睡后事务自己打理习惯——对自信、性格脾气、耐心、自主独立、遵规自律、自强自尊、积极上进、严谨认真、责任担当、勤劳吃苦、恒心毅力等素养带来良好的固化与强化作用。

若孩子存在素养不足，可根据相关对应关系，对相应习惯予以引导，借此纠偏并强化相关素养。

与上述关系相对应，相关素养对相应良好习惯的构建带来良好铺垫与促进；如良好的安全感、自信、性格脾气、耐心素养均有利于充足睡眠与睡眠规律性习惯的养成。

小结 婴幼儿良好睡眠习惯培养模式

婴幼儿阶段孩子睡的良好习惯最佳养成模式如下：

胎儿期良好的营养保障与健康体质→出生起良好安全感与自信铺垫（便于安心睡）→舒适的寝具与卧室→出生第一晚起避免抱着睡，避免由此导致过度依赖→尽可能母亲陪伴→0岁起可播放轻音乐，半岁起开启睡前标准童声播放（良好语感铺垫）→0岁起弱灯睡或熄灯睡，一岁后逐渐铺垫对夜与黑暗的适应→0岁起陪伴至睡着，一岁起睡前晚安与睡醒后热情招呼，铺垫安全感、亲情、主动热情礼貌→一岁起睡前故事或阅读→杜绝睡前鬼怪故事（孩子外面听到后坦然疏导淡化）→二岁起参与睡前睡后自我事务，二三岁后逐步自主推进睡前睡后事务，3岁后逐步提升事务质量→在保证睡眠充足的基础上做好规律化作息与规律化睡眠→白天睡眠与午睡的逐步规律化→对孩子自主努力做的予以关注、认可，必要时予以适当表扬→对孩子做得不足的予以鼓励与帮助，避免批评，杜绝打骂→孩子3岁左右初步养成良好睡的习惯→3~6岁保持并提升良好睡眠习惯。

🖊 四、玩的习惯

玩包括室内与户外的各种玩耍、游戏、娱乐等活动，根据玩的特点可以大致分为以下类型：

娱乐消遣类玩：是以放松、娱乐消遣为主的各种活动，是孩子最日常的玩，包括诸如老鹰抓小鸡活动、打弹力球、搭积木走迷宫、抓昆虫、电脑网游等各种放松休闲玩耍活动；

智力类玩：是以智力挑战、竞技为主的活动，包括各种棋牌、竞争性电游等活动；

运动类玩：主要以运动活动为主的玩，包括各种球类运动，各种体育活动（如跳绳、拔河、跑、跳）、各种户外活动（如旅游）等。

玩是孩子最喜欢、最日常的行为活动。

玩的最大作用是开心快乐，在开心中获取自信，在开心中塑造良好素养，在开心中铸就良好习惯，在开心中成长。

孩子通过玩来认知世界、探索世界，通过玩来预演自己的行为；玩是成长过程中组织活动、人际交往、智力思维等方面的模拟与预演；玩不只是打发时间，更是诸多素养习惯铺垫的良好手段；玩对素养、习惯、智力发展能够起到良好的铺垫与促进，是获取相应的动手能力、专注能力、抗挫折能力的主要途径

当然，对于有些孩子而言，玩是打发时光的最好方式。

1. 玩的专心专注习惯

玩是孩子最喜欢的活动，玩乐中的孩子一般都很容易进入全神贯注状态，玩是培养孩子专心专注素养与能力的最好手段，特别在消遣娱乐活动与智力

竞技活动中更容易得到提升。

↜　玩中专心专注习惯培养要点　↜

铺垫良好的安全感与作息，确保能静心玩、安心玩；

3 个月起，用简单的可爱动植物大图片引导孩子的观察，铺垫孩子的专心与静心（时间不太长，每次二三分钟）；

从孩子一岁起，多带孩子仔细观察花草、小蚂蚁、小昆虫，并从整体、细节引导孩子，慢节奏不匆忙，每次时间三五分钟，不强制孩子；

与孩子一起琢磨感兴趣的观察、玩耍、游戏，引导孩子对感兴趣活动的专注；

在一定的兴趣时间段内（如 10~30 分钟）任由孩子玩耍，尽量避免在孩子兴致高潮时打断孩子或终止；

在孩子 2 岁和孩子一起玩并引导专注，2 岁后逐步放手孩子自己专心玩；由于玩乐是孩子自己的事情，对做得好的不必表扬，对孩子的不安心与做得不好的不批评，杜绝打骂；

适合专注训练的玩耍与游戏活动，包括观察花朵、逗小蚂蚁、玩积木、穿绳分拣、钓鱼游戏等，尽量不用易于成瘾的玩耍事务（如电视等）引导孩子的专注。

2. 玩中的安全习惯

由于孩子运动、协调、把控与认知能力有限，孩子在玩中很容易受到伤害。

婴幼儿玩中的容易受到的伤害主要包括吞咽伤害、肢体伤害、卫生伤害等方面。

由于玩是很日常的行为，玩中安全习惯铺垫是孩子生活中安全习惯养成的主要组成，也是生活中安全习惯的重要铺垫。

↜　玩中安全习惯养成要点　↜

做好安全感、自信铺垫，让孩子敢于放开玩，有信心把控；

放手孩子的摸爬滚打与走跑跳自我尝试，用摸爬滚打与走跑跳铺垫扎实的感统协调基础，塑造扎实的肌体协调与运动能力；

安全规则铺垫：通过安全示范、现场讲解、动画短片、绘本、故事等方式，给孩子铺垫良好的安全规则；

做好安全预防，尽量杜绝孩子的安全伤害；

熏陶示范：做好安全规则的熏陶铺垫，不做危险动作以免孩子日后模仿；

不同情况下安全意识"首三次"铺垫，特别做好危险行为杜绝的"首三次"强调：

教孩子认识无害的昆虫，对有毒害虫子和不明确虫类远离；

教会孩子识别其他危险源，学会对火、电、刀、锯等危险源的认知与危险规避；

教会孩子，对于可能存在危险的行为没有成人陪伴不单独尝试；

对于动物，告知孩子保持安全距离，不是明确无害的动物没有成人陪伴不随意触摸；

其他事务中按照同样的安全规则实施，在成人的监管下做尝试，个人对于没有把握的事情避开不轻易尝试；

婴幼儿阶段做好吞咽危险预防，父母做好预防把控；

对于火、电、水、坠落等高危险行为，除了教会孩子识别风险，父母必须预防杜绝奉献，严密把控奉献；

做好玩时的卫生安全，包括环境卫生、器具卫生、手脚卫生等方面，确保卫生安全；

孩子在安全方面做得好的予以认可肯定，做得不好的当即引导，无有效改进的必须严格批评，必要时采取打骂预防（因为生命危险比打骂伤害要严重得多）；

在孩子3岁左右初步铺垫玩的良好安全习惯；

3~6岁阶段提升并初步养成良好的安全习惯。

3. 玩的勤动手与巧动手习惯（动手习惯）

玩是孩子动手能力与动手习惯良好养成的重要环节，智力类玩（如搭积木、玩具拼接、木工游戏等）与运动类玩（各种球类运动玩耍）与可以很好地塑造孩子勤动手与巧动手习惯，并养成良好自主动手习惯。

❧ 玩的勤动手与巧动手习惯养成措施 ❧

铺垫良好的安全感与自信，让孩子能敢于玩能安心玩；

放手吮吸、放手摸爬滚打、放手自己事务，做好动手能力铺垫；

尊重并放手自主：引导孩子一起动手游戏与玩耍，引导并铺垫良好方法；

与孩子一起做手工，如做面点、做泥塑、做木工等，并放手孩子单独做；

放手家务并保持适度家务：

对孩子的努力予以关注、鼓励，必要时适度表扬；

放手但不催促，做得不好避免批评，杜绝打骂；

3岁左右初步铺垫良好的勤动手与巧动手习惯；

3~6岁阶段初步养成并提升良好的动手习惯。

4. 玩中思考习惯

玩中的良好思考习惯主要在于智力竞技类游戏与消遣娱乐类玩耍活动中，包括各种棋类、迷宫游戏等；玩中的思维思考主要在于玩时勤思考与思维多样性。

游戏是孩子最有兴趣、最着迷的思维思考训练活动。

❧ 玩中思考习惯养成要点 ❧

体质健康与良好的安全感自信是前提；

更多开心铺垫良好智力与思维素养发展；

3个月起放手孩子动手，做好动手能力铺垫，促进大脑发育；

半岁起，和孩子一起玩简单的认知、分类等游戏（如大小分类游戏、积木游戏），铺垫良好的条理；

1岁起，引导、帮助孩子对自己玩具的不同玩法（最好一起玩），铺垫思维广度习惯；

对玩法（如围棋）进行深究，敢于挑战难度与尝试，做好深度思维习惯；

父母没时间引导，或引导不力时，参与专门性的思维拓展早教；

生活日常事务与玩乐中，经常和孩子一起琢磨，引导孩子浴室思考的习惯；

对良好思维予以肯定，必要时予以适度表扬；

遇到困难帮助、鼓励孩子突破，尽量放手孩子自己做主，做得不好的不打骂避免伤害；

3岁左右初步铺垫良好的思维拓展与思维深究习惯；

3~6岁阶段提升并初步养成良好的思维拓展与思维深究习惯。

5. 玩乐分享与玩具分享习惯

玩乐分享与玩具分享，是孩子欲望控制、自律节制、共情共享等良好素养与良好交际能力的重要铺垫。

⊱ 玩乐分享与玩具分享习惯养成 ⊰

良好的安全感与自信是必然基础，否则无法进行玩乐分享与玩具分享；

父母良好的爱是重要前提，内心没有足够的爱，分享可能给孩子带来伤害；

在尊重的基础上让孩子重复自主，铺垫自主前提下的分享；

从小做好父母与孩子的吃、玩相互给予，在此基础上孩子开心时逐步开启分享；

在孩子做出分享时予以关注、鼓励，必要时予以适当表扬；

孩子不情愿时一定不勉强，避免批评，杜绝打骂；

分享与互换时，不用孩子最心爱的玩具或独自活动，"心疼"不利于分享；

分享行为先在喜欢的父母、家人、朋友中逐步自主实施，在此基础上向普通伙伴适度分享；

孩子有情绪时予以理解不强制，并用"给予"满足孩子；在此基础上在情绪转好时再引导；

由于自我与物权概念的发展在 3 岁前并不完备，玩乐分享与玩具分享习惯在孩子 3 岁前只适度引导（不强制），在 3 岁后逐步养成；

3~6 岁阶段提升并养成良好的分享习惯。

6. 玩的事先准备与事后收拾整理习惯

玩的收拾整理习惯是孩子有益终身的良好习惯，是勤劳吃苦、责任心与条理素养的良好铺垫。

玩是孩子最喜欢的活动，玩的事先准备与事后收拾整理工作孩子一般很乐意做，在玩乐活动时引导孩子收拾整理，是孩子最乐意、最有效的收拾整理习惯养成。

玩的收拾整理习惯养成对策包括以下：

铺垫良好安全感与自信，让孩子敢于收拾、愿意主动收拾；

从吮手起放手孩子自己吃手、自己吃饭等事务习惯，铺垫自理自立与动手能力；

父母做好事务整理收拾的熏陶示范；

和孩子一起玩时，早期一起整理收拾，3 岁后逐步过渡为孩子自己收拾整理；

收拾整理从孩子感兴趣的玩耍游戏开启，避免孩子不开心时收拾整理成为艰难任务而放弃；

收拾整理先简单的事务，逐步复杂事务；

1~3 岁早期注重有意识的行为，3 岁后逐步提升事务质量与效率；

对孩子努力的行为予以关注、鼓励与必要的表扬奖励；

做得不好时予以引导、鼓励，尽量不批评，杜绝打骂；

将玩的收拾整理习惯，逐步向其他事务收拾整理习惯转化；

在孩子情绪不好不愿做时予以理解和代劳，婉趣地引导孩子将良好习惯延续；

3岁左右初步铺垫玩的良好收拾整理习惯；

3~6岁阶段提升并初步养成玩的良好收拾整理习惯。

7. 玩的适度与不良成瘾规避

玩的过度与成瘾是玩乐的常见现象，包括棋牌成瘾、电脑游戏成瘾、玩乐成瘾等，对成长带来很大伤害。

成瘾是玩乐过度的极限表现。

❧ 玩的过度与成瘾规避措施 ❧

安全感与自信是基础，让孩子敢于控制自己；

良好而充足的爱，让孩子不缺爱，敢于付出；

铺垫良好的依赖，不过度依赖，否则孩子很难控制自己行为；

父母良好的熏陶，避免父母的玩乐过度与成瘾影响孩子；

做好广泛兴趣铺垫，或阅读兴趣，让孩子不痴于玩的过度与成瘾（这是最根本措施）；

铺垫良好的成长规则（故事、影视等方式），让孩子知道玩的过度与成瘾不利于成长；

带孩子玩时，以事先约定或兴趣转移等方式，让孩子自主做到不过度、不成瘾；

玩耍之前一起做好计划，让孩子自己约束自己管理；

半岁起，铺垫延迟满足，避免无原则、无限度满足孩子；

在孩子过度时，约定更有兴趣的良好活动转移（体育活动类玩耍是最好的转换替代）；

成瘾的玩乐尽量在2岁起不参与，有参与苗头时尽量引导转移，尽量不接触或少接触；

良好朋友圈，让孩子远离玩得过度痴迷于成瘾的孩子；

孩子做得好的予以关注、认可与适度表扬；

做得不好的予以鼓励与引导，必要时予以适度批评，杜绝打骂；

3 岁左右初步铺垫玩的过度规避习惯；

3~6 岁阶段提升并初步养成玩的成瘾规避习惯。

8. 玩的竞争挑战与抗挫折能力铺垫

抗挫折能力是孩子成长不可或缺的重要能力，是健康成长的必须保证；很多孩子心理脆弱、输不起、畏难情绪大等成长问题，都是抗挫折能力差所致。

生活与学习中的挫折很可能对孩子造成伤害，但在早期的和父母的玩乐中体验挫折，是最好的无伤害抗挫折能力铺垫。

玩乐中竞争挑战与抗挫折能力培养要点：

安全感与自信是首要，否则孩子无法承担挫折与失败；

3 岁左右铺垫良好自信，3 岁前尽量规避挫折与失败；

3 岁后逐步体验挫折，但成功与自信为主，失败与挫折为其次；

摸爬滚打中的摔跤、磕碰是孩子最早小挫折的经历，在确保安全前提下，让孩子坦然面对，给予鼓励、简单安抚或不安抚；

竞技类输赢玩耍游戏（如棋类或家庭小游戏），在 3 岁前尽量避免失败或淡化失败；3 岁后让孩子逐步体验失败与挫折；

必要时用小比赛故意让孩子适度地输，但切忌以赢为主；

3 岁后让孩子多接触能力差不多的孩子，知道自己的优秀，也适当感知别人的优秀；

在孩子玩乐游戏遇到困难时，予以引导与帮助，但尽量让孩子自己解决；

对孩子努力的行为予以关注、鼓励或适度表扬，不过度赏识；

对没做好的予以引导帮助，不批评或少批评，避免打骂伤害；

不给孩子过高期望与过大压力；

在孩子骄傲时，予以偏多的失败与挫折；

3 岁左右初步铺垫良好抗挫折努力；

3~6 岁阶段提升并初步养成良好的抗挫折能力。

9. 玩的良好习惯对素养的固化与强化

玩的不同习惯对相关素养具有良好的固化与强化作用，主要表现包括：

玩的专心专注习惯——对自信、对性格脾气、耐心、遵规自律、积极上进、严谨认真、恒心毅力、专心专注等素养带来良好的固化与强化作用；

玩中的安全习惯——对安全感、自信、性格脾气、耐心、自主独立、勇敢坚强、诚信自律、遵规守诺、严谨认真、恒心毅力、专心专注、条理思维等素养带来良好的固化与强化作用；

玩中思维思考习惯——对自信、自主独立、自强自尊、积极上进、严谨认真、谦虚自省、恒心毅力、专心专注、条理思维等素养带来良好的固化与强化作用；

玩的勤动手与巧动手习惯（善于动手习惯）——对自信、主动热情、耐心、自主独立、自强自尊、责任担当、勤劳吃苦、恒心毅力、专心专注、条理思维等素养带来良好的固化与强化作用；

玩乐分享与玩具分享习惯——对自信、对主动热情、礼貌尊重、性格脾气、耐心、乐观大度、同理心、自强自尊等素养带来良好的固化与强化作用；

玩的适度与不良成瘾规避——对自信、性格脾气与耐心、自主独立、诚信自律、遵规守诺、乐观大度、同理心、自强自尊、积极上进、责任担当等素养带来良好的固化与强化作用；

玩的竞争挑战与抗挫折能力——对安全感、自信、主动热情、性格脾气、耐心、自主独立、勇敢坚强、诚信自律、乐观大度与同理心、自强自尊、积极上进、严谨认真、责任担当、勤劳吃苦、恒心毅力、专心专注、条理思维等素养带来良好的固化与强化作用。

若孩子存在素养不足，可根据相关对应关系，对相应习惯予以引导，借此纠偏并强化相关素养。

与上述关系相对应，相关素养对相应好习惯的构建带来良好铺垫与促进。如良好的安全感、自信、性格脾气、耐心素养均有利于安全习惯的养成。

小结　婴幼儿良好玩耍习惯培养模式

婴幼儿阶段孩子玩的良好习惯最佳养成模式如下：

0 岁起开启安全感与自信的铺垫（能够安心玩）→与孩子哦哦交流开启最早的互动游戏→从 2 个月起放手吮手、放手自己吃饭穿衣等事务，放手摸爬滚打，放手让孩子多活动，锻炼手脚灵活性，铺垫良好的自主与动手习惯→相关良好素养熏陶引导铺垫（如自主、勇敢、自律等）→多带孩子户外活动，铺垫孩子对大自然的喜欢→在玩乐游戏中尽量获取开心，促进自信及心理健康成长→初始时和孩子一起玩，逐步独自玩，做好玩的规则铺垫（如合作协作、分享共享、安全意识等）→1 岁前同步开启故事与阅读铺垫，尽量在玩乐"上瘾"前铺垫初步的故事与阅读兴趣→从孩子最早观察花草小昆虫活动时不打扰孩子，培养良好的专心专注→放手、引导、帮助孩子在玩乐游戏中多角度思考与创造性思维→在二三岁良好阅读兴趣铺垫前尽量避免接触过瘾性玩乐（如电视、电游之类）→每次玩前做好大体计划，遵守时间计划做好适度控制，铺垫成瘾规避→在孩子 3 岁后自信良好铺垫前提下逐步参与竞争，逐步适当体验竞技类游戏的失败，逐步做抗挫折能力铺垫→对孩子努力做的予以关注、认可，必要时予以适当表扬→对孩子做得不足的予以鼓励与帮助，避免批评，杜绝打骂→孩子 3 岁左右初步铺垫良好玩的习惯→孩子 3-6 岁阶段基本养成玩的良好习惯。

五、说的习惯

说指说话与交流，说是沟通、交流、交际的基础，是最基本的交流手段，说的良好习惯有益于一生的成长、成才、成功。

说的良好习惯与能力，包括清晰表达习惯、平等交流与礼貌尊重习惯、真诚与交心习惯、说话温情风趣习惯、脏话谎话规避等方面。

1. 说的清晰表达习惯

说的话语清晰习惯包括口齿清晰、声音洪亮、词句精准、思路清晰等方面。

虽然婴幼儿阶段孩子说话只发展到奶声奶气程度，但说话清晰表达习惯在6岁左右能基本养成。

婴幼儿阶段说的清晰表达习惯，主要取决于说话的自信、初始发音的尽量规范、用词的标准化、带思维说话等方面。

婴幼儿阶段的清晰表达是良好语言与思维习惯的良好开启。

❦　婴幼儿阶段说的清晰表达习惯相关要点　❦

良好的自信是敢说的基本前提；

从哦哦交流开启交流第一步；

语言氛围营造：父母在抚育孩子过程中用清晰、简短的话语与孩子多交流；3个月起给孩子播放简单的儿歌与朗诵，让孩子接受良好的语言熏陶铺垫；

熏陶铺垫：对孩子声音柔和情绪、语速放慢、声音适中；对家人他人也如此；做好情绪交流的熏陶示范；

口齿清晰铺垫：在孩子半岁左右开始有意识地发出妈、爸等单音词时，多和孩子一起互动进行情绪示范；并同样互动陪伴向简单词句逐步过渡；随着孩子的进度缓慢发展，不催促孩子；

思路清晰表达：在孩子1.5~3岁语言敏感期，与孩子多用标准词语交流与清晰口齿进行交流；并逐步向复杂化提升；

避免为了迎合孩子而创造简单的名词（如吃饭饭之类），对孩子的词句标准化进行强化提升；

3 岁后对话语表达进行逐渐的、缓慢地标准化引导；做好孩子语言敏感期的强化提升；

给孩子讲解常用词汇、近似词汇的表意差别，铺垫孩子的精确表达意识；

对孩子努力做的予以用心倾听，做得好的予以认可表扬；

做得不好的予以引导，不要指出孩子的错误让孩子感觉受挫而不敢说；避免不耐心、不耐烦，避免批评，杜绝打骂，否则很可能造成孩子语言学习障碍；

孩子的语言清晰表达习惯一般在 3 岁前初步铺垫，一般在 6 岁左右基本养成。

2. 说的平等交流与礼貌尊重习惯

说的平等交流与礼貌尊重习惯会让孩子自己感觉得到尊重，是孩子受人喜欢的重要环节，有利于孩子独立人格的形成，有利于孩子诉说心里话达到真正的沟通，有利于孩子自信的养成。

说的平等交流与礼貌尊重习惯养成措施

0 岁起良好安全感、自信与父母良好的爱是基础；

对孩子平等尊重，蹲下来说话，用爱交流，尽量避免对孩子带情绪说话；

与孩子说话时尽量做到对朋友式的一心一意，强化尊重；

孩子叙说时尽量专心听、用心听，让孩子愿意说、用心说；

父母与他人交流时尽量做到平等交流与礼貌尊重，给孩子做良好表率；

对孩子在努力做的予以关注，做得好的予以认可，必要时给予表扬；

对孩子做得不好的予以引导、帮助，避免批评，杜绝打骂；

说的平等交流与礼貌尊重习惯在 3 岁左右初步铺垫；

在此基础上进一步强化提升，在 6 岁左右初步养成。

3. 说的真诚与交心习惯

真诚是交流的基本原则，交心是亲情交流的至高境界；交心对亲情培养、逆反避免、成长问题规避与化解、对孩子一生身心健康成长作用巨大。

❧　说的真诚与交心习惯养成要点　❧

良好的安全感、自信与父母的爱是真诚与交心习惯的基础；

良好亲情铺垫消除心的距离；

父母对他人的坦诚是良好熏陶；

平等交流与尊重是前提；

父母对孩子的坦诚与交心是最佳示范与良好铺垫；

父母不说假话，对孩子的许诺、承诺必须兑现，父母塑造良好的真诚与坦诚；

二三岁起，父母与孩子经常（最好每日）沟通小秘密、悄悄话、心里话，铺垫最早的交心；

不讽刺孩子、不取笑孩子，否则孩子难以和你交心；

对孩子做得好的予以认可，必要时予以适度表扬；

对孩子做得不足的，予以引导鼓励，对于不真诚的可以予以适度批评（不交心只能引导，不能强制，不能批评），杜绝打骂；

说的真诚与交心习惯在3岁左右初步铺垫；

在此基础上强化并提升，6岁左右初步养成。

4. 说的温情与风趣习惯

说的温情与风趣有益幸福感的说话风格，说的温情与风趣习惯从婴幼儿阶段开始铺垫养成。

❧　说的温情与风趣习惯养成要点　❧

良好的安全感、自信与父母充足的爱是基础；

父母对家人说话的温情与风趣是良好的熏陶引导；

父母对孩子说话的温情是孩子最好的示范与引导；

对孩子冷冰、刻板、高高在上是说话温情与风趣的克星；

风趣必须在平等沟通与轻松对话的基础上养成，高高在上、压力山大的对话只能让孩子战战兢兢，甚至容易说话结巴；

与孩子玩笑与打闹是温情与风趣的有效强化；

示范并引导孩子慢说话、语气柔和是温情与风趣的基础；

与孩子交谈时尽量采用关爱话语；

对孩子进行温情与风趣幽默的适度引导；

对孩子做得好的予以认可；

对做得不足的予以引导，杜绝批评，更杜绝打骂；

说的温情与风趣习惯在 3 岁左右初步铺垫；

在此基础上强化并提升，6 岁左右初步养成。

5. 脏话与谎话的避免

脏话与谎话现象是幼儿阶段甚至小学阶段孩子成长过程中常见的成长现象。

婴幼儿孩子很多脏话与谎话现象是出于模仿、好奇、自我表现、好玩，并非孩子的道德意识表现，或尚只是道德不佳的萌芽表现。

孩子说脏话、谎话是孩子模仿学习能力的重要表现，谎话是孩子善于思考与良好语言思考能力的表现，是成长的必然过程。

婴幼儿阶段脏话与谎话规避的主要对策：

避免不良氛围：避免脏话谎话的家庭、朋友圈、邻里、学校（幼儿园班级）不良氛围；

避免不良熏陶与示范：避免父母家长之间及父母家人对孩子说话的谎话脏话；

规则铺垫：通过故事、读本、动画短片等方式铺垫不说谎、不说脏话的规则意识；

良好赏识：对孩子做得好的予以认可，必要时予以适度的表扬，或偶尔的奖励；

理解与引导：孩子在幼儿阶段（特别是早期）的谎话、脏话很多是好奇与模仿，甚至是耍小聪明，父母对此在理解的基础上进行引导；

可以批评：对孩子做得不好，且引导依然不改进、不长进的，予以适度批评；

杜绝打骂：打骂只会让孩子表面顺从，很可能让孩子更加逆反，尽量杜绝打骂；

良好朋友圈：良好的朋友圈对脏话谎话的规避效果显著；

孩子的脏话、谎话习惯一般在3岁左右初步铺垫，在6岁左右初步养成（在不良氛围影响下容易因不良影响而反复）。

6. 每日交流习惯

每日交流是了解孩子心态的重要措施，是强化亲情与交心的重手的手段，是孩子良好交流沟通能力维持提升的有效措施，对引导认知、提升引导成长规则等具有重要作用。

❧　每日交流习惯养成要点主要包括如下　❧

出生起良好安全感、自信铺垫，利于孩子敢于交流、安心交流；

铺垫良好的亲情，让孩子喜欢跟父母交流；

语言敏感期铺垫良好的语言开发，让孩子能表达；

铺垫说的温情、风趣；

2岁起适当交流每次外出开心事；

3岁正式开启每日交流，只说开心事，每次简短一事，让孩子有愿意交流的欲望与习惯；

3岁起在开心事基础上进行小秘密交换；

4岁起可以提升到每日三事，其中两件开心事、一件不开心的事；

5岁起开启全面的每日交流；

对孩子说的选择相信，对孩子当日做得好的予以认可表扬，让孩子得到肯定；

对孩子讲得不好的、不足的予以引导或鼓励，不指责笑话不批评，否则孩子会逐渐选择不说；

对于每日交流中孩子存在的问题，一般尽量日后委婉引导；避免指责笑话与批评，杜绝打骂，否则孩子不愿意说；

尽量引导孩子说实话，不撒谎；

不带选择性听取（如听到不好的就拉脸色），避免孩子为了迎合而选择性讲述，或选择性迎合；

每日交流尽量在孩子幼儿园回来或外出回来第一时间沟通，或晚饭前后沟通，不要等到睡前沟通；

每日交流固定单方一人为主较合适；

尽量把每日交流逐步提升到重要的生活环节。

7. 说的良好习惯对素养的固化与强化

说的不同习惯对相关素养具有良好的固化与强化作用，主要表现包括：

说的清晰表达习惯——对自信、性格脾气、耐心、严谨认真、专心专注、条理思维等素养带来良好的固化与强化作用；

说的平等交流与礼貌尊重习惯——对安全感、自信、爱心善良、主动热情、礼貌尊重、性格脾气、耐心、同理心等素养带来良好的固化与强化作用；

说的真诚与交心习惯——对安全感、自信、爱心善良、主动热情、礼貌尊重、性格脾气、耐心、诚信自律、同理心等素养带来良好的固化与强化作用；

说的温情与风趣习惯——对自信、爱心善良、主动热情、性格脾气、耐心、同理心、条理思维等素养带来良好的固化与强化作用；

脏话谎话规避的习惯——对安全感、自信、爱心善良、礼貌尊重、性格脾气、诚信自律、遵规守诺、同理心、严谨认真等素养带来良好的固化与强化作用。

若孩子存在素养不足，可根据相关对应关系，对相应习惯予以引导，借此纠偏并强化相关素养。

与上述关系相对应，相关素养对相应良好习惯的构建带来良好铺垫与促进；如良好的自信、性格脾气、耐心素养均有利于清晰表达习惯的养成。

小结　婴幼儿良好说话习惯培养模式

婴幼儿阶段孩子说的良好习惯最佳养成模式如下：

0岁起做好安全感与自信的铺垫（铺垫敢说）→0岁起用爱与陪伴做好亲情铺垫（铺垫爱说）→与孩子沟通及家人沟通时，做好语言表达清晰、温情、规范、文明的语言熏陶引导→2个月起与孩子哦哦交流开启最早言语互动→半岁起适当播放童话诗歌，营造标准语言氛围→在语言敏感期（1.5~3岁）与孩子多说多交流，做到词句清晰与话语温情→与孩子沟通时尽量放慢语速清晰表达，避免催促→尊重孩子平等交流，做到专心沟通用心聆听→坚持听故事、阅读、故事互动、故事接龙，提升语言能力与语言思维→3岁后逐步开启悄悄话与小秘密交心铺垫→多带孩子与他人交流，引导多参与集体活动（避免强制）→做好老师与伙伴朋友们的接纳喜欢，做好幼儿园语言发展提升→做好谎话脏话的规避引导，避免玩伴圈不良语言氛围影响，或带领大家一起比赛提升→对孩子努力做好的予以关注、认可，必要时予以适当表扬→对孩子做得不足的予以鼓励与帮助，避免批评，杜绝打骂→孩子3岁左右初步铺垫良好说的习惯→用自信与语言能力铺垫初步的号召力与领导力→孩子6岁左右初步养成良好语言习惯。

六、行的习惯

行指活动、运动，包括外出活动、旅行、体育运动等，由于外出活动、旅行等是偏于自由式的好玩，而运动对于成长有着其他活动难以相比的巨大成长促进，故行的良好习惯主要针对运动习惯进行探讨。

婴幼儿阶段行（活动运动）的良好习惯包括运动兴趣、活动运动安全习惯、活动运动经常性习惯等方面。

婴幼儿阶段性的良好习惯（运动活动习惯）铺垫，是后阶段不喜运动、不爱动、懒散等规避的重要铺垫。

1. 活动运动兴趣培养与惰性规避

活动运动兴趣是行的良好习惯基础，孩子的良好活动运动兴趣，源于对孩子的放手，以及兴趣期活动运动的良好铺垫与延续。

孩子惰性的本质在于没有兴趣没有动力。

✎　活动运动兴趣培养要点包括如下　✎

良好的安全感与自信是敢于运动的基础；

良好的体质与营养均衡，做好旺盛精力的保证；

行（活动运动）的最早开启，从放开吮手、放手自理自立、放手摸爬滚打做好铺垫；

1—3 个月起多抱孩子户外活动，铺垫孩子对户外与活动的兴趣；

和孩子一起摸爬滚打与走跳，引导拓展力所能及的活动与运动，帮助孩子掌握要领提升；

在孩子 1~3 岁兴趣期，帮助孩子接触孩子力所能及的运动，铺垫广泛的活动运动兴趣（在活动运动兴趣前尽可能先预先铺垫良好的故事与阅读兴趣，便于知识类、思考类兴趣与能力的先期铺垫）；

父母多参与运动活动，对孩子的活动运动进行良好熏陶；

在 1~3 岁阶段父母尽量和孩子一起活动运动，对兴趣、要领进行引导，同时进行安全铺垫与保护；

对孩子努力的行为予以关注与肯定，必要时予以适当表扬；

对孩子做得不足的予以鼓励与帮助，避免批评，杜绝打骂；

Chapter 4

孩子3岁前初步铺垫对运动活动的良好兴趣；

在此基础上，对孩子适合、有兴趣、有帮助、有潜力的项目进行保持，必要的话参加相关兴趣班进行提升；

6岁前初步养成良好兴趣。

2. 活动运动中的安全习惯

婴幼儿活动运动能力差，从爬到走、跑、跳、活动、运动的学习熟练是个比较漫长的过程，这是孩子成长过程中最容易受伤甚至受到伤害的阶段，良好的安全意识与安全规则是重要安全保证，更是孩子走上自主道路运动的必要前提。

与此同时，良好的安全习惯与免于安全伤害，是安全感强化的重要保证保证。

做好活动运动中的安全习惯，主要包括如下方面：

安全感、自信与爱铺垫，让孩子敢于活动运动；

熏陶示范：在孩子户外活动运动时做好安全规则的熏陶铺垫，不做危险动作以免孩子日后模仿，不让孩子受到惊吓而恐惧畏缩；

放手：放手孩子的摸爬滚打与走跑跳自我尝试，用摸爬滚打与走跑跳铺垫扎实的感统协调基础，塑造扎实的肌体协调与运动能力；

安全规则铺垫：通过安全示范、现场讲解、动画短片、绘本、故事等方式，给孩子铺垫良好的安全规则；

做好安全预防，尽量杜绝孩子的安全伤害；

不同情况下安全意识"首三次"铺垫：引导交通规则，以身作则是最好教导；对于沟坎，提示孩子注意观察保持距离；对于动物，告知孩子保持安全距离，不是明确无害的动物没有成人陪伴不随意触摸；教孩子认识无害的昆虫，对有毒害虫子和不明确虫类远离；教会孩子识别其他危险源，学会对火、电、刀、锯等危险源的认知与危险规避；对于可能存在危险的行为没有成人陪伴不单独尝试；

其他事务中按照同样的安全规则实施，在成人的监管下做尝试，个人对于没有把握的事情避开不轻易尝试；

　　教育孩子不轻易相信陌生人；

　　避免在生活中随意用医生、警察等吓唬孩子，教会孩子在有病痛时请医生帮忙，在有危险时请警察帮忙，杜绝孩子对医生、警察的恐惧；

　　活动的良好安全习惯在 3 岁左右初步铺垫，在 6 岁左右初步养成。

3. 运动的经常性习惯与惰性规避

　　好动是孩子的天性，但不少幼儿园阶段的孩子却从开始就有明显的懒惰不喜欢运动活动，这种情况随着长大越来越明显，到小学、中学甚至大学、成人阶段表现更加普遍。

　　对运动（活动）惰性的孩子，体质与健康相对较差，活力与精力，积极向上心相对较差，不利于成长、成才、成功。

　　运动（活动）的经常性习惯与惰性规避养成要点把控如下：

　　运动的经常性习惯在运动兴趣基础上发展，在兴趣期做好运动兴趣的铺垫，做好兴趣的延续；

　　喜欢运动、经常运动的良好伙伴；

　　制定每月、每周甚至每天运动计划，在轻松量的前提下坚持；

　　必要时铺垫孩子的运动优势与特长，让孩子有更多的运动自信；

　　父母和孩子一起运动，对孩子的活动运动进行良好熏陶；

　　对孩子努力的行为予以关注与肯定，必要时予以适当表扬；

　　对孩子做得不足的予以鼓励与帮助，避免批评，杜绝打骂；

　　铺垫良好的安全规则与方法，做好安全预防，杜绝运动伤害；

　　孩子 3 岁前初步培养出对运动活动的良好兴趣；

　　在此基础上，对孩子适合、有兴趣、有帮助、有潜力的项目进行保持，必要的话参加相关兴趣班进行提升；

　　6 岁左右基本养成良好兴趣。

Chapter 4

4. 行的良好习惯对素养的固化与强化

行的不同习惯对相关素养具有良好的固化与强化作用，主要表现包括：

活动运动兴趣培养与惰性规避——对自信、主动热情、性格脾气、自主独立、勇敢坚强、诚信自律、遵规守诺、自强自尊、积极上进、责任担当、勤劳吃苦、恒心毅力等素养带来良好的固化与强化作用；

活动运动中的安全习惯——对安全感、自信、性格脾气、耐心、自主独立、勇敢坚强、遵规守诺、严谨认真、专心专注、条理思维等素养带来良好的固化与强化作用；

活动运动经常性习惯——对自信、主动热情、耐心、自主独立、勇敢坚强、自律、自强自尊、积极上进、责任担当、勤劳吃苦、恒心毅力等素养带来良好的固化与强化作用；

若孩子存在素养不足，可根据相关对应关系，对相应习惯予以引导，借此纠偏并强化相关素养。

与上述关系相对应，相关素养对相应良好习惯的构建带来良好铺垫与促进；如良好的安全感、自信、性格脾气、耐心素养均有利于运动中安全习惯的养成。

小结 婴幼儿良好活动习惯培养模式

婴幼儿阶段孩子行的良好习惯最佳养成模式如下：

孕期做好胎儿健康→0岁起开启安全感与自信铺垫（让孩子敢于运动）→尽可能母乳喂养、合理营养保证（健康基础）→出生起避免过度依赖（便于放手自主）→铺垫相关良好相关素养（如恒心毅力、勤劳吃苦等）→带孩子多到户外走动让孩子对外面的世界感兴趣→放手孩子吮手、自己吃饭、自己事务打理铺垫良好动手能力与自主意识→从爬行与蹒跚学步的放手并帮助孩子活动运动→2岁起在保证安全的前提下逐步让孩子参与走、跑、旅行、骑车、球类、旅行等各类活动运动→从兴趣期阶段培养、保持、强化孩子的运动兴趣同时提升运动能力→尽量在幼儿园阶段铺垫孩子一二项运动强项，必要时参加兴趣班作强化提升→带孩子观摩或参加大型活动或比赛，感受运动激情，提升活动运动兴趣→加入相应朋友圈，参加喜欢的集体活动→对孩子努力做的予以关注、认可，必要时予以适当表扬→对孩子做得不足的予以鼓励与帮助，避免批评，杜绝打骂→孩子3岁左右初步铺垫良好活动运动习惯→孩子6岁左右初步养成良好活动运动习惯。

七、处的习惯

处指交流交际与相处，处是一个人与人交流交际及融入社会的能力，处的习惯与能力决定着孩子的人际交往与朋友圈，决定着孩子的成长、成才与成功。

处的良好习惯包括良好亲子关系、与父母交心习惯、受人喜欢与尊重习惯、家庭相处习惯、幼儿园相处习惯等方面。

良好相处习惯的养成，是从家庭日常事务、幼儿园日常生活、玩耍游戏中的良好相处协作中开始培养。

1. 良好亲子关系打造

亲子关系是指孩子与父母的良好关系，亲子关系是孩子最早的人际关系，是孩子最基础最重要的人际关系。

亲子关系是孩子与他人相处能力的重要铺垫。亲子关系良好的孩子，一般容易具有与他人良好相处的能力；亲子关系不好的孩子，很难培养出与他人良好相处的能力。

婴幼儿阶段是亲子关系建立的关键时期，婴幼儿阶段亲子关系好坏基本决定了一生亲子关系的走向。

亲子关系是父母亲子教育的重要基础，良好的亲子关系下孩子愿意听父母的，有利于父母教育引导孩子；不好的亲子关系前提下孩子对父母家长言行容易抵触，不利于父母对孩子的教育引导。

亲子关系是家庭关系与社会关系的基础；没有良好的亲子关系，孩子很难构建良好的家庭关系，甚至很难打造良好的社会关系。

亲子关系是婴幼儿阶段主体情感所在，是孩子主体情感发展的依赖。

亲子关系对孩子身心健康成长影响巨大。

亲子关系培养的要点包括如下：

0岁起良好安全感与自信的培养铺垫良好亲子关系的基础；

给孩子良好爱的呵护，包括母乳喂养、良好陪伴、抚摸、关心关爱；

适度的依赖打造；

良好的有效沟通，尽量做到良好的小秘密交流与交心；

与孩子平等相处平等交流，既不父母高高在上，也不孩子高高在上；

尊重孩子，放手孩子自主；

经常带领或参与孩子喜欢的活动，经常与孩子一起面对困难，一起迎接并突破挑战；

对孩子更多耐心与细心，让孩子发自内心喜欢父母；

对孩子以爱的心态与良好态度，不急躁催促孩子；

不过高要求孩子；

给孩子更多关注、鼓励与认可；不讽刺挖苦孩子，杜绝打骂孩子。

在孩子0岁起即开始铺垫良好的亲情，在3岁初步养成良好亲子关系，在3~6岁阶段进一步提升并基本养成。

2. 与父母交心习惯

与父母交心是孩子爱父母的重要表达，是孩子情感交流自信的重要表现，是亲子关系促进的有效措施。

交心是良好亲子关系的顶级表现，良好亲子关系是交心的基础。

悄悄话习惯是最通常的交心习惯，是交心与亲子交流的重要手段，是亲子关系长远良好发展的有力保证。

交心习惯在孩子0岁的依赖与依恋基础上发展，在3岁前初步铺垫，在3~6岁阶段进一步提升并初步养成。

交心习惯的养成对策包括如下：

铺垫良好安全感与自信是交心习惯的基础；

良好的爱与亲情是交心习惯铺垫的前提；

经常与孩子一起玩乐游戏，提升感情；

给孩子细心与强有力的保护，强化亲情与感情；

做好沟通交流习惯的良好铺垫；

2~3岁阶段开始，给孩子主动私下说些小秘密，引导孩子分享小秘密（不强制，否则效果将适得其反），进行小秘密对等互换；

用心倾听孩子小秘密，一定做到保密（否则孩子再也不跟你说秘密）；

在孩子小秘密中透露出困难与无助需要帮助时提供合适的帮助；

与孩子平等相处平等交流，既不父母高高在上，也不孩子高高在上；

尊重孩子，放手孩子自主；

经常带领或参与孩子喜欢的活动，经常与孩子一起面对困难，一起迎接并突破挑战；

给孩子更多耐心与细心，让孩子发自内心喜欢父母，铺垫交心基础；

对孩子以爱的心态与良好态度，不急躁催促孩子；

不过高要求孩子；

给孩子更多关注、鼓励与认可；

不讽刺挖苦孩子，杜绝打骂孩子；

3岁初步铺垫与父母交心习惯，在3~6岁阶段进一步提升并基本养成。

3. 与他人相处良好习惯

受人喜欢是与人相处、被人接纳的前提。

培养一个受人喜欢习惯的要点：

良好的安全感、自信，得到父母家人良好的爱与接纳；

铺垫良好的主动热情与礼貌尊重；

哦哦交流铺垫主动与笑脸相迎；

良好的性格；

喜欢并非放弃个性；

有特长与强项；

懂礼貌受人尊重；

平等尊重他人，不欺负他人；

良好的语言交流与用心聆听；

喜欢帮助他人；

有共情能力；

尽可能地培养出更多良好素养习惯；

3岁初步铺垫受人喜欢与尊重习惯，在3~6岁阶段进一步提升并基本养成。

4. 与家人相处良好习惯

与家人相处良好习惯是孩子交流交际习惯的基础。

不少家长认为孩子在家里可以随意一点，只要在外面与人相处良好即可；而事实是，如果孩子在家里不懂得尊重父母与家人，做不好与家人的相处，孩子在外面是很难与他人良好相处的。

与家人相处良好习惯是孩子交流交际习惯的真实本质。

与家人相处习惯培养要点：

铺垫良好的安全感自信，没有良好的安全感与自信的孩子，即使与家人也难以有出色的交际相处；

父母良好的爱，以及良好的亲情与交心；

父母与家人与孩子交流交际的良好熏陶示范与引导；

对孩子发自内心的喜欢；

父母与孩子良好的性格；

父母对孩子的平等与尊重；

良好的语言沟通与用心聆听；

父母与孩子都具有良好的共情能力：

对孩子努力的行为予以关注与肯定，必要时予以适当表扬；

对孩子做得不足的予以鼓励与帮助，避免批评，杜绝打骂；

孩子 3 岁左右初步铺垫良好的家庭相处习惯；

在此基础上进行提升，六岁左右初步养成良好家庭相处习惯。

5. 幼儿园相处习惯

幼儿园相处是家庭相处的升级，是孩子迈出家庭走向社会的第一步。

幼儿园相处习惯培养要点：

铺垫良好的安全感自信，没有良好的安全感与自信的孩子，即使与家人也难以有出色的交际相处；

0 岁起铺垫孩子良好素养（包含好性格等），培养受人喜欢是基础；

铺垫良好的语言沟通与用心聆听；

平等尊重是前提；

家庭相处是基础；

提前一两个月做铺垫，让孩子对幼儿园感兴趣、有渴盼；

选择合适的幼儿园，认可幼儿园的理念，所招收的孩子有共同语言（规避被排斥的可能）；

尽量在入园前半年引导培养孩子的一两个优势，让孩子有充分的自信；

积极参加活动；

家长积极做好家园沟通；

重视孩子的幼儿园活动（特别是集体活动），为集体活动做良好的、独特的铺垫；

在此基础上，类似地，向社会交际发展。

6. 处的良好习惯对素养的固化与强化

处的不同习惯对相关素养具有良好的固化与强化作用，主要表现包括：

良好亲子关系——对安全感、自信、礼貌尊重、性格脾气、耐心、自主独立、勇敢坚强、遵规守诺、乐观大度、自强自尊、积极上进、严谨认真、谦虚自省、责任担当、勤劳吃苦、恒心毅力、专心专注、条理思维等素养带来良好的固化与强化作用；

与人相处良好习惯——对安全感、自信、爱心善良、主动热情、礼貌尊重、性格脾气、耐心、自主独立、勇敢坚强、诚信自律、遵规守诺、乐观大度、同理心、自强自尊、积极上进、严谨认真、谦虚自省、责任担当、勤劳吃苦、恒心毅力、专心专注、条理思维等素养带来良好的固化与强化作用；

经常性交心习惯——对安全感、自信、主动热情、礼貌尊重、性格脾气、耐心、自主独立、勇敢坚强、诚信自律、遵规守诺、乐观大度、自强自尊、积极上进、严谨认真、谦虚自省、责任担当、勤劳吃苦、恒心毅力、专心专注、条理思维等素养带来良好的固化与强化作用；

家庭相处良好习惯——对安全感、自信、爱心善良、主动热情、礼貌尊重、性格脾气、耐心、诚信自律、遵规守诺、乐观大度、同理心、责任担当、勤劳吃苦等素养带来良好的固化与强化作用；

幼儿园与社会相处良好习惯——对安全感、自信、爱心善良、主动热情、礼貌尊重、性格脾气、耐心、自主独立、勇敢坚强、诚信自律、遵规守诺、乐观大度、同理心、自强自尊、积极上进、严谨认真、谦虚自省、责任担当、勤劳吃苦、恒心毅力、专心专注、条理思维等素养带来良好的固化与强化作用；

若孩子存在素养不足，可根据相关对应关系，对相应习惯予以引导，借此纠偏并强化相关素养。

与上述关系相对应，相关素养对相应良好习惯的构建带来良好铺垫与促进；如良好的安全感、自信、爱心善良、主动热情素养等均有利于受人喜欢习惯的养成。

小结 婴幼儿良好相处习惯培养模式

婴幼儿阶段孩子处的良好习惯培养建议如下：

0岁起开启安全感与自信铺垫（让孩子敢于交流与相处）→父母家长的早期陪伴、亲情铺垫是相处的基础铺垫→父母家人的温馨相处是处的最好熏陶引导→良好亲子关系的逐步铺垫与构建→铺垫处的相关良好素养（如礼貌尊重等）→良好交心习惯的逐步打造→在良好安全感的基础上引导孩子多接触外界与他人打交道（杜绝强制）→良好的玩伴→引导铺垫孩子玩时的良好相处→铺垫良好的说与聆听→引导孩子逐步参与运动、社交等各类活动运动→在幼儿园进一步强化孩子的集体相处（避免孤立，避免被视为另类）→打造良好朋友圈→对孩子努力做的予以关注、认可，必要时予以适当表扬→对孩子做得不足的予以鼓励与帮助，避免批评，杜绝打骂→孩子3岁左右初步铺垫良好处的交流交际习惯→在良好自信与良好相处能力基础上形成号召力领导力→孩子6岁左右初步养成良好交流交际习惯。

八、读的习惯

孩子的阅读（包括绘本阅读）从什么时候开始，一般家长认为应该是在小学阶段识字后开始。

但实际情况却是，父母在为孩子读诗词、读故事、读绘本时，在指着标牌要父母读出告知时，孩子对阅读已经开始产生了浓厚兴趣；在孩子追问故事词句的准确意思时，孩子已经开启了阅读理解的铺垫；在拿着书本请父母讲故事时，孩子已经开始阅读的渴盼。

而与此相对应，国内外众多儿童教育专家，把儿童的阅读敏感期确定在 3~6 岁阶段。

在 3~6 岁阶段孩子一般基本不识字，怎么阅读敏感期不是在小学阶段一定数量的识字之后呢？

通过 1 岁阶段的图片赏读、2 岁阶段的故事讲读、3 岁之后的绘本讲读，孩子对故事、对阅读、对书本会产生很浓烈的兴趣，3~6 岁阶段很强烈地要求父母给他阅读讲故事（且这份兴趣很容易超越电视手机兴趣，甚至与玩乐兴趣同样浓烈或者更强），在好奇好问的兴趣作用下，3~6 岁孩子毫无疑问地成为阅读的渴望者与阅读兴趣者——很多孩子在这阶段强烈自主地要求识字（而不是父母逼迫识字）即是源于此。

而如果这个阶段没有铺垫良好的阅读兴趣，孩子一般会比较容易沉迷于电视、手机，或容易沉迷于单纯游戏玩乐成瘾（而不是涉猎广泛的探索性活动而上进）产生沉迷，容易造成思维的表面化、浅显化、简单化。而在这种没有铺垫良好阅读兴趣前提下要求孩子静心阅读无疑是很难的。

读的良好习惯养成，是从 0 岁起做好自信、自主、专心专注等素养的良好铺垫，从半岁起引导图片共赏，从一岁起开启故事吸引，从二三岁起坚持做好绘本共读基础上（引导自主，杜绝强制），铺垫孩子良好的阅读兴趣与阅读习惯。

婴幼儿阶段良好阅读兴趣与阅读习惯培养主要在于父母家长的代读，或是孩子在强烈兴趣促使下自主识字后的阅读，而任务式的强制识字阅读只会对孩子未来的阅读兴趣造成扼杀与逆反。

没有幼儿阶段良好阅读兴趣与阅读习惯的良好铺垫，孩子后续学习兴趣、思维能力、学习能力的发展将会到很大的约束。

1. 阅读兴趣开启

婴幼儿阶段的阅读兴趣，从父母和孩子一起的图片、绘本的共同阅读中开启。

孩子在事务兴趣敏感期（1~4 岁）对任何事务都有良好兴趣，这是阅读行为最初始的"兴趣"；在初始兴趣基础上保持"阅读兴趣"的延续，并在此过程中孩子逐步对新奇图片与新颖故事产生巨大兴趣，逐步提升为真正的阅读兴趣。

婴幼儿阅读兴趣铺垫对策：

良好的安全感与自信，让孩子能安心于"阅读"；

3个月起的大图片欣赏与引导（摇篮图片与床头图片）；

半岁起画册的共赏与引导；

1岁起的诗词彩本的共读、引导与讲解，时间长度10分钟左右，不让孩子因劳累而失去兴趣；

2岁起的绘本共读、引导与讲解，同时铺垫良好的总体与细节理解；

3岁起在绘本基础上，增加故事读本阅读与讲解、交流；

尽可能地与孩子有互动交流（包括简单的表情交流）；

阅读、共读过程中，尽量依着孩子的思路缓慢推进；避免急促，避免一带而过与不耐烦；

每日/隔日故事的讲述与故事兴趣保持（也可听取广播故事）；

引导孩子憧憬书本，提升阅读兴趣与阅读渴望；

对孩子努力的、做得好的予以认可与表扬；

对做得不好的予以鼓励，避免批评，杜绝打骂；

幼儿园阶段每天固定的睡前共读或睡前故事是最好的兴趣坚持；

在孩子生病、情绪不好、很累时，将阅读时间缩短，或改为其他活动，不要让孩子因阅读而感觉很累，导致对阅读的厌烦甚至扼杀（特别对于阅读早期）；

6岁左右基本铺垫孩子对绘本的渴盼与热爱，铺垫良好的阅读兴趣（包括绘本阅读）。

2. 阅读理解习惯的培养

婴幼儿阶段可以铺垫初期的、简单的阅读理解习惯；孩子的阅读理解习惯，在图片、绘本、故事共读过程中父母的简单引导中开启。

阅读理解习惯铺垫要点包括如下：

良好的安全感与自信，让孩子能安心于"阅读"理解；

3个月起的大图片欣赏时的引导，进行大形状与大色差之间的引导，从图片大不同中铺垫初始理解；

半岁起画册共赏时，除了大的形状、大的色差、大的立意不同，逐步引导明显的细节差异；

1岁起的诗词彩本的共读时，引导孩子对重要字词的理解，铺垫最初的文字理解；

2岁起的绘本共读时，引导孩子对重要字词和简单话语的精准理解，提升字词和话语的理解；

3岁起对绘本、故事读本共读、阅读时，进一步引导字词话语的理解，并逐步比照重要近义词的表意差别，让孩子进一步提升阅读理解与话语理解；

3岁起尽可能地与孩子有探讨交流，对孩子提出的问题予以细心得解答，不因孩子的错误而笑话孩子；

在1~4岁近端尽量放手孩子的无字绘本阅读，让孩子的思维尽量放飞；

阅读、共读、探讨过程中，尽量依着孩子的思路缓慢推进；避免急促，避免一带而过与不耐烦；

对孩子努力的、做得好的予以认可与表扬，以及必要的奖励；

对做得不好的予以鼓励，避免批评，杜绝打骂；

阅读理解，要在孩子精力充沛的时间段内进行，避免过久过累造成兴趣的降低；

6岁左右铺垫初始阅读理解习惯（包括绘本阅读）。

3. 自主阅读习惯养成

在阅读兴趣基础上，孩子一般很愿意每天能进行适当的阅读；孩子阅读的经常性习惯养成，最首要在于孩子"阅读"行为兴趣的铺垫、保持与强化，其次取决于对故事、诗词韵读等趣味性书本渴盼下父母家长的翻阅、引伴与共读（特别是阅读早期的陪读与共读）。

先故事，再共读，再自主阅读。

经常性阅读习惯的养成要点包括如下：

良好的安全感与自信，让孩子能安心于"阅读"；

3 个月起每日 / 隔日的大图片欣赏与引导，并进行大形状与大色差之间的引导，从图片大不同中铺垫初始理解，开启良好的阅读铺垫；

半岁起每日 / 隔日的画册共赏与引导，并对大的形状、大的色差、大的立意差异进行引导；

1 岁起的诗词彩本的共读、引导与讲解，并引导孩子对重要字词的理解，铺垫最初的文字理解；每次时长 10 分钟左右，不让孩子因劳累而失去兴趣甚至腻烦；

2 岁起的绘本共读、引导与讲解，引导孩子对重要字词和简单话语的精准理解，提升字词和话语的理解

3 岁起在绘本基础上，增加故事读本阅读与讲解、交流，适当引导字词话语的理解，并逐步比照重要近义词的表意差别，让孩子进一步提升阅读理解与话语理解；

3 岁起尽可能地与孩子有探讨交流，对孩子提出的问题予以细心得解答，不因孩子的错误而笑话孩子；

幼儿阶段起尽量用趣味性、简洁性引导"阅读"，在"阅读"的同时配套常用词的通俗解读，让孩子同步开启良好的阅读理解习惯；

在 1~4 岁阶段尽量放手孩子进行无字绘本阅读，让孩子的思维尽量放飞；

阅读过程中尽可能地与孩子有互动交流；

阅读、共读过程中，尽量依着孩子的思路缓慢推进；避免急促，避免一带而过与不耐烦；

可将每日 / 隔日故事与每日 / 隔日阅读轮流推进（也可听取广播故事），让思维与阅读达到良好结合；

父母的阅读熏陶，营造良好的阅读氛围，是孩子喜欢阅读、静心阅读的重要促进；

引导孩子憧憬书本，提升阅读兴趣与阅读渴望；

对孩子努力的、做得好的予以认可与表扬；

对做得不好的予以鼓励，避免批评，杜绝打骂；

每天固定的睡前共读或睡前故事是最好的兴趣坚持；

在孩子生病、情绪不好、很累时，将阅读时间缩短，或改为其他活动，不要让孩子因阅读而感觉很累，导致对阅读的厌烦甚至扼杀（特别对于阅读早期）；

6岁左右铺垫孩子良好的自主阅读习惯（包括绘本阅读）。

4. 读的良好习惯对素养的固化与强化

读的不同习惯对相关素养具有良好的固化与强化作用，主要表现包括：

良好阅读兴趣——对自信、耐心、自主独立、自强自尊、积极上进、严谨认真、谦虚自省、恒心毅力、专心专注、条理思维等素养带来良好的固化与强化作用；

阅读理解习惯——对自信、耐心、自主独立、积极上进、严谨认真、专心专注、条理思维等素养带来良好的固化与强化作用；

经常阅读习惯——对自信、耐心、自主独立、自强自尊、积极上进、勤劳吃苦、恒心毅力、专心专注、条理思维等素养带来良好的固化与强化作用；

若孩子存在素养不足，可根据相关对应关系，对相应习惯予以引导，借此纠偏并强化相关素养。

与上述关系相对应，相关素养对相应良好习惯的构建带来良好铺垫与促进；如良好的自信、耐心、自主独立、积极上进素养均有利于阅读理解习惯的养成。

小结 婴幼儿良好阅读习惯培养模式

婴幼儿阶段孩子读的良好习惯最佳养成模式如下：

适度的音乐胎教与诗词诵读胎教→0岁起开启安全感与自信铺垫（让孩子能静心阅读）→开启相关良好素养铺垫（如专心专注等素养铺垫）→3个月起引导大图片欣赏（铺垫最早的阅读）→半岁起逐步听儿歌、听简单诗词诵读（早期阅读兴趣铺垫）→6个月起父母带读简洁诗词（逐步铺垫阅读氛围与阅读兴趣）→1岁起逐步开启每日画册简短故事阅读或讲述）→1.5岁起开始无字绘本阅读与故事相结合（固定时间阅读或睡前阅读）→教会孩子感兴趣的字词（完全凭兴趣自主，不做任务式）→2岁起对绘本词句进行通俗解说（逐步开启字词理解）→3岁后无字绘本的共读阅读与相互讲述或故事接龙→3岁初步阅读兴趣前避免电视电游等成瘾游戏接触→3岁后拓展各类故事与阅读，对阅读兴趣与习惯进行引导提升→对孩子努力做的予以关注、认可，必要时予以适当表扬甚至奖励→对孩子做得不足的予以鼓励与帮助，避免批评，杜绝打骂→孩子3~6岁左右初步铺垫良好阅读兴趣与阅读理解习惯（包括绘本阅读）。

九、思的习惯

思指思考与思维，思的良好习惯包括思考习惯与思维习惯。

思是玩、说、行、处、读、学、劳等几乎所有事务的良好基础，幼儿阶段铺垫良好思考思维习惯有益于孩子一辈子的成长、成才、成功。

很多家长甚至老师认为，思的铺垫与强化是在小学甚至中学阶段开始培养。但其实，在好问、好奇基础上的喜思考、细思考、善思考决定了孩子一生的良好思考习惯，孩子良好思考、思维习惯在婴幼儿阶段基本养成。

思的良好习惯养成，是从0岁起做好安全感与自信、放手自主、专心专注等素养的良好铺垫，从半岁起的观察引导与故事阅读铺垫入手，在好问、好奇基础上引导良好的喜思考、细思考、善思考习惯，以此打造良好的思考习惯与思维能力。

没有幼儿阶段良好思考与思维习惯的良好铺垫，孩子后续智力智商发展将会存在严重不足。

良好思考思维习惯的养成，是从早期生活事务与玩耍游戏的良好思维思考中开始培养。

1. 思考习惯

思考习惯主要是喜欢琢磨、喜欢思考的良好习惯，喜欢打破砂锅问到底是孩子喜欢思考琢磨的最基本表现。

良好的条理与思维方式是喜欢思考的基础。

婴幼儿阶段勤思考习惯养成要点包括如下方面：

0岁起铺垫良好的安全感、自信铺垫，让孩子能够敢于思考；

1月龄，带孩子多户外活动，扩大各种认知；

1岁后尽量多带孩子外出，尽量让孩子多做主的（如提供可选方案由孩子决定往哪），逐步培养孩子的自主意识，为自主思考做铺垫；

放手并和孩子一起玩蚂蚁看昆虫，一起探讨一起海阔天空地放飞思想；

外出活动与日常事务中，引导孩子多观察、多联想，

在孩子提出问题时，尽量趣味性、通俗性解答；

对孩子问题的回答提出多解性，引导孩子一起分析琢磨；

经常给孩子提简单问题，引导孩子的观察与琢磨；

鼓励孩子提问题；

参加竞争性益智游戏，必要时参加早教班进行专业提升，提升智力活动能力与兴趣；

对孩子努力的予以关注、认可，必要时予以适当的表扬或奖励；

做得不好时予以鼓励与帮助，避免批评，杜绝打骂；

孩子3岁左右初步铺垫思考的习惯；

3~6 岁阶段，在此基础上强化，初步养成琢磨思考的习惯。

2．思维习惯

思维是思考的基础与核心，孩子的良好思维习惯包括发散思维、深度思维、创新思维等模式。

良好的条理是思维的基础。

婴幼儿阶段良好思维习惯养成要点包括如下方面：

0 岁起铺垫良好的安全感、自信铺垫，让孩子能够敢于、静心于思考；

1—3 月起带孩子户外活动，扩大各种认知；

3 个月起放手孩子的吮手、自己吃饭等事务，1 岁后多活动，通过运动运动促进智力发展；

1 岁后尽量多带孩子外出，尽量让孩子多做主，逐步培养孩子的自主意识，为自主思考做铺垫；

0.5~1 岁后，逐步与孩子一起仔细观察各种动植物，进行各种联想与交流；2~3 岁后进行各类泥土、木工小制作，进行各种联想与交流探讨；

0.5~1 岁起，给孩子讲各种益智类故事，在孩子能理解接受的范围内由简入深；2 岁后在孩子好奇、感兴趣的基础上与孩子进行互动交流、探讨、联想；

1.5~3 岁，遇到新鲜事物时，与孩子一起探讨交流，引导孩子各种思维尝试，让孩子学会琢磨，并逐步喜欢思考琢磨；

3 岁起，孩子对事务好奇发问是孩子自主思维的良好表现，父母家长予以耐心的引导、指导、探讨，让孩子从思考琢磨中找到乐趣，对各种思考琢磨感兴趣；

在 1~4 岁兴趣敏感期，铺垫孩子广泛的兴趣，保持广泛的好奇，并在此基础上引导、帮助孩子思考寻求良好答案；

游戏活动中的条理思维铺垫：包括动物分类游戏、花草植物分类游戏、玩具物品的日常分类整理等活动，从 0.5~1 岁开启，从父母一起、父母协助逐步过渡到孩子独自进行；

游戏活动中的发散思维铺垫：包括事务从哪来、一滴水的旅途动物园飞禽走兽列举之类游戏，从一二岁开启，从父母一起、父母协助逐步过渡到孩子独自进行；

游戏活动中的深度思维铺垫：日常游戏与事务包括米饭从哪里来、地下洞穴探险、豆子变豆腐、塑料用途追踪等活动游戏，从一二岁后逐步开启，从父母一起、父母协助逐步过渡到孩子独自进行；

游戏活动中的创新思维铺垫：日常游戏与事务包括搭积木、捏泥形、手工制作等游戏，以及衣服被子的不同叠法等日常活动，从1~2岁开启，从父母一起、父母协助逐步过渡到孩子独自进行；

游戏活动中的归纳思维铺垫：日常游戏与事务包括家养动物分类、哪些食品从地里种出来之类游戏活动，从二三岁开启，从父母一起、父母协助逐步过渡到孩子独自进行；

必要时，结合以上情况对孩子进行趣味智力引导；

必要时，送孩子参加专业的智力早教班；

专业的智力开发可以起到一定的思维促进；

针对思维习惯的某些不足（如创新思维不足）进行对应的游戏活动来提升相应思维；

对孩子努力的予以关注、认可，必要时予以适当的表扬或奖励；

做得不好时予以鼓励与帮助，避免批评，杜绝打骂；

孩子3岁左右初步铺垫良好的思维习惯；

3~6岁阶段，在此基础上提升强化，初步养成良好的思维习惯。

3. 思的良好习惯对素养的固化与强化

思的不同习惯对相关素养具有良好的固化与强化作用，主要表现包括：

良好思考习惯——对自信、耐心、自主独立、自强自尊、积极上进、严谨认真、谦虚自省、恒心毅力、专心专注、条理思维等素养带来良好的固化与强化作用；

良好思维习惯——对自信、耐心、自主独立、自强自尊、积极上进、严谨认真、谦虚自省、恒心毅力、专心专注、条理思维等素养带来良好的固化与强化作用；

若孩子存在素养不足，可根据相关对应关系，对相应习惯予以引导，借此纠偏并强化相关素养。

与上述关系相对应，相关素养对相应良好习惯的构建带来良好铺垫与促进；如良好的自信、耐心、自主独立、积极上进素养均有利于思考习惯的养成。

小结　婴幼儿良好思考习惯培养模式

婴幼儿阶段孩子思的良好习惯最佳养成模式如下：

0岁起开启安全感与自信铺垫→从手敏感期起保证安全卫生前提下放手孩子吮手、自己吃饭、自己打理事务（铺垫自主意识、动手能力，促进大脑发育）→尽可能让孩子开心快乐（利于思维发育与素养发展）→开启铺垫相关良好素养（如专心专注、条理等）→多户外活动逐步铺垫感触与扩大认知（利于思维发展）→3个月起欣赏大图片，引导形状颜色差异→半岁起引导花草昆虫的观察认知→半岁起逐步听儿歌、听简单诗词诵读、听简单故事→半岁起与孩子多简单温馨对话做好语言引导（促进思维发展）→1岁起逐步开启每日简短故事与绘本阅读→1岁起在户外花草昆虫欣赏、故事、阅读时引导思考思维铺垫→1.5岁后逐步参与并逐步独自完成自己玩具物品的分类整理，开启条理铺垫→2岁左右铺垫故事兴趣与阅读兴趣，铺垫初步思考思维意识→3岁思维良好铺垫前避免电视电游等成瘾游戏接触→3岁后逐步开启故事对讲与接龙促进语言与思维发展→逐步带孩子参加交流交际与集体活动→放手、支持、鼓励、帮助孩子的自我折腾→拓展各类故事与阅读，引导天文地理等各类知识铺垫，做好思维放飞→必要时适度参加适度的思维拓展早教班→对孩子努力做的予以关注、认可，不勉强不施加压力，必要时予以适当表扬和奖励→对孩子做得不足的予以鼓励与帮助，避免批评，杜绝打骂→孩子 3 岁左右初步铺垫良好思维习惯→4 岁后逐步开启自己玩乐的简单计划与总结→孩子 6 岁左右初步养成良好思维习惯。

十、学的习惯

几乎所有小学老师和很多家长都发现，学习虽然是小学阶段才正式开启，但孩子的良好学习习惯（含学习专注习惯、阅读习惯、学习理解思考习惯、作业习惯等）基本都在婴幼儿阶段初步铺垫。

学习的良好习惯养成，是从 0 岁起做好安全感与自信、放手自主、专心专注等素养的良好铺垫，从半岁起的观察引导与故事阅读铺垫入手，引导良好的思考思维习惯，引导良好阅读兴趣，以此打造良好的未来学习习惯与学习能力。

没有幼儿阶段自信、自主、专心专注、思考与思维习惯、阅读习惯等方面的良好铺垫，孩子后续成长阶段的学习兴趣与学习能力发展必定会存在严重的不足。

未来学习良好习惯的养成，是从早期生活事务与玩耍游戏的良好学习模仿习惯中开始培养的。

本节从学习专注习惯、阅读习惯、思考理解习惯、作业习惯等方面对学习习惯进行阐述。

1. 学习认真专注习惯

专心专注是学习的良好态度，专心专注是认真学习的基本。

学习的专注来自生活事务与玩耍游戏的专心专注铺垫，来自专心专注素养在学习事务中的应用、强化与提升，是专心专注素养在学习事务中的体现。

对于婴幼儿阶段的孩子，学习就是模仿，学习就是一种玩耍或游戏，就如孩子（模仿）学习生活技巧、学习（模仿）手工、学习（模仿）涂鸦、学习（模仿）说话、学习（模仿）讲故事、学习（模仿）阅读绘本等，以及学舞蹈、学围棋、学识字等，对孩子都是一种兴趣基础上的好玩（感兴趣的、能够理解的、能够做好的），与其他玩耍游戏一样，专心专注与严谨认真的学习态度能够自然而然地良好养成。

婴幼儿专心专注的学习习惯养成要点包括如下：

0岁起铺垫良好的安全感与自信，是孩子能静心、专心学习的前提；

玩得开心、玩得一心一意、玩得专心；

引导玩中的专心模仿；

求知与新奇的兴趣；

兴趣期兴趣的拓展与保持（好奇保持）；

家人专心的熏陶引导与表率；

学习（模仿）的方法引导；

优势特长与针对性自信的铺垫；

更多的兴趣与动力；

关注认可与表扬；

鼓励帮助与避免批评杜绝打骂；

更好的、更用心的、更专注的学习习惯；

3岁前初步铺垫学习的专心专注；

6岁初步养成学习专心专注。

2. 学习的阅读习惯与阅读理解习惯

学习的阅读习惯包括阅读兴趣、阅读理解、长期阅读习惯等方面，相关习惯养成要点已在"读"的章节中已经阐述，本处不再重复。

3. 学习理解与思考习惯

理解与思考思维是学习中的核心能力与核心习惯，学习的理解思考习惯在生活中思的习惯基础上良好构建。

学习对于婴幼儿孩子本身就是一种游戏，孩子将良好的理解思考思维习惯用于感兴趣的学习之中，形成生活思维向学习思维的良好转化。

学习的理解思考习惯，在于玩耍游戏与生活事务、阅读事务思考理解习惯的转化与提升，生活事务中良好思考理解习惯的孩子，对于学习（特别是感兴趣的学习）能够铺垫良好的思考理解习惯，在学习（早教学习与未来学习）过程中逐步向学习转化提升。

阅读理解习惯是学习理解思考习惯的重要组成。

学习的良好理解与思考习惯养成要点包括如下方面：

0岁起铺垫良好的安全感、自信铺垫，让孩子能够敢于、静心于思考；

培养生活中良好的勤思考习惯，3岁前初步养成，6岁前基本养成；

培养良好的发散思维、深度思维、创造思维、归纳思维等良好思维习惯，3岁前初步养成，6岁前基本养成；

通过阅读理解习惯（见"读"章节）铺垫孩子对课本的追求理解习惯与理解能力，3岁作用初步铺垫，6岁主要差别养成；

通过早教班、幼小衔接班等学习过程，对孩子的学习理解与思考习惯进行完善与提升；

对于孩子努力在做的予以关注、认可，必要时予以表扬甚至奖励；

对做得不好的予以鼓励与帮助，尽量不批评或少批评，杜绝打骂；

6岁在于初步养成良好的学习思维思考习惯。

4. 学习兴趣与自主学习习惯

孩子的学习在小学阶段正式开启，但对学习的兴趣与自主学习习惯在婴幼儿阶段通过故事、阅读等的入迷与渴望中得到良好铺垫。

要点包括：

安全感与自信；

放手自主；

每日故事铺垫；

亲子共读铺垫；

阅读、看书、早教的引导而不强制；

无压力的兴趣引导；

对好的认可；

对不好的鼓励帮助，杜绝打骂。

5. 用心作业与自主作业习惯

婴幼儿阶段基本很少作业甚至无作业，但婴幼儿阶段的很多日常事务习惯（自主、责任、完美追求）等是作业习惯的良好铺垫。婴幼儿阶段的作业主要是幼儿园阶段的早教学习如运动、舞蹈、外语等的复习、巩固等方面。

由于幼儿园阶段很多兴趣班、早教班、幼小衔接版已经涉及了作业，并且很多父母已经在开始铺垫孩子的作业习惯，若到小学阶段再考虑可能已经错过了最佳铺垫阶段，故在此作为未来作业习惯予以提前铺垫探讨。

未来认真作业与自主作业习惯培养要点：

安全感自信是基础；

相关素养是基础，如专心专注、责任心等；

幼儿阶段的作业，务必引导好孩子的兴趣，在对课程有兴趣的基础上让孩子有兴趣地作业；

在有兴趣、不排斥的基础上，引导孩子认真作业，避免敷衍了事，避免敷衍了事习惯的延续；

在兴趣基础上，家长巧妙地引导孩子的自主督促、自主完成；尽量避免父母督促与监督下的作业；

家长的作业指导，一定要在"半监督""非监督"状态下让孩子尽量自主，并在孩子基本把握方法后更多信任孩子、放手孩子，做好必要时的适度陪伴，避免过度依赖；

在完成作业指导后，家长可以采取看自己书的方式淡化监管与陪伴（但避免玩手机看电视，以免孩子觉得不公平）；

在孩子初步自主的基础上，逐步引导孩子质量的适度提升；

对孩子的努力予以关注与肯定，做得好的予以表扬；

对做得不好的尽可能鼓励、帮助，避免批评，杜绝打骂；

帮助孩子在6岁前初步铺垫良好的认真作业习惯与自主作业意识。

6. 学的良好习惯对素养的固化与强化

学的不同习惯对相关素养具有良好的固化与强化作用，主要表现包括：

学习认真专注习惯——对自信、性格脾气、耐心、自主独立、遵规自律、积极上进、严谨认真、恒心毅力、专心专注、条理思维等素养带来良好的固化与强化作用；

学的阅读习惯——对自信、耐心、积极上进、恒心毅力、专心专注、条理思维等素养带来良好的固化与强化作用；

学习理解与思考习惯——对自信、耐心、自主独立、积极上进、严谨认真、谦虚自省、恒心毅力、专心专注、条理思维等素养带来良好的固化与强化作用；

自主作业习惯——对自信、耐心、自主独立、遵规自律、自强自尊、积极上进、严谨认真、谦虚自省、责任担当、勤劳吃苦、恒心毅力、专心专注、条理思维等素养带来良好的固化与强化作用。

若孩子存在素养不足，可根据相关对应关系，对相应习惯予以引导，借此纠偏并强化相关素养。

与上述关系相对应，相关素养对相应良好习惯的构建带来良好铺垫与促进；如良好的自信、耐心、自主独立、遵规自律素养均有利于自主作业习惯的养成。

小结 婴幼儿良好学习习惯培养模式

婴幼儿阶段孩子学的良好习惯最佳养成模式如下：

0岁起开启安全感与自信铺垫→尽可能母乳喂养、合理营养保证与身体健康（学习的健康保证）→出生起避免过度依赖（便于放手自主）→从手敏感期起保证安全卫生前提下放手孩子吮手、自己吃饭、自己事务（铺垫自主意识、动手能力，促进大脑发育）→尽可能让孩子开心快乐（利于自信与思维发展）→相关良好素养铺垫（如专心专注、条理思维等）→多户外活动逐步铺垫感触与扩大认知（便于思维发展）→3个月起引导欣赏大图片（开启识别与阅读铺垫）→6个月起逐步听儿歌、听简单诗词诵读（阅读与思维铺垫）→1岁起逐步开启每日简短故事（阅读、思维铺垫）→1.5岁起开始绘本阅读与故事相结合（阅读与思维铺垫）→1岁起在户外花草欣赏、故事、阅读时引导思考思维铺垫→二三岁左右开启正式的故事兴趣与阅读兴趣→3岁阅读与思维习惯初步铺垫前避免电视电游等成瘾游戏接触→3岁后逐步开启故事对讲与接龙→拓展各类故事与阅读，对阅读兴趣与习惯进行引导提升→必要时参加合适的兴趣早教班→理想、梦想与相关成长规则铺垫→必要时进小学时提前半年参加幼小衔接班→注重良好学习习惯的早期铺垫→对孩子努力做的予以关注、认可，必要时予以适当表扬甚至奖励→对孩子做得不足的予以鼓励与帮助，避免批评，杜绝打骂→孩子6岁左右初步铺垫良好的学习兴趣与学习习惯。

十一、劳的习惯

劳即劳动，婴幼儿阶段的劳动包括做好自己的事务与公共家务。

劳的相关良好习惯包括（放手）自己事务自己完成、孩子自己事务逐步自理、孩子帮助家里或集体做力所能及的事务。

一般情况下，婴幼儿孩子1~4岁阶段天生好动，孩子视劳动为好玩，对劳动有着天然的浓厚兴趣。但不少孩子在此后就开始显现出惰性，且惰性很容易顺延到小学中学阶段，甚至延续一生。

婴幼儿阶段劳的良好习惯，是后期甚至一辈子劳动与勤劳习惯的重要基础，是爱心、主动、性格脾气、耐心、独立自主、坚强、自强、积极上进、责任担当、勤劳吃苦、恒心毅力、专心专注等良好素养的重要铺垫，尤其是勤劳吃苦与责任担当素养的核心基础，是一生良好成长与良好发展的重要保证。

很多父母家长认为孩子很小，不能累着，做不好事，所以不能让孩子做事，尤其是不能让孩子有压力，不能负责长期的事务（如负责每天的扫地），于是很多孩子从3岁后就逐步认为家务是父母家长的事，自己是不需要做家务或者偶尔帮忙下是给父母帮忙的，到6岁左右更加地不想接触家务、不想帮助家人或他人，于是一个"懒人"逐步养成，并且在父母的责怨声中被一步步地自我定性为懒人，再逐步成为真正的懒人。

劳的良好习惯养成，是从0岁起做好安全感与自信、做好放手自主等素养与亲情的良好铺垫，从2月龄起放手孩子吮手、放手孩子吃饭穿衣等自己的事务，到放手孩子参与并坚持家庭事务，帮助孩子铺垫良好的动手兴趣与动手能力，引导孩子的良好毅力坚持，以此打造良好的劳动兴趣、劳动习惯与劳动能力。

没有幼儿阶段自信、自主的良好铺垫，没有婴幼儿阶段自我事务与家务的良好放手，孩子后续成长阶段劳的兴趣习惯与劳的能力发展必定会存在严重的不足。

未来劳动习惯的养成，是从早期生活中自己事务、家庭事务的良好完成与良好坚持中培养的。

1. 自己的事情自己做习惯与自理自立习惯

自己的事情自己做是自理自立的前提，自理自立是孩子独立自主的第一个里程碑，做好与成长相对应的自理自立是婴幼儿阶段成长的基础与首要。

自理自立的前提是劳动，是自主基础上的劳动。

孩子从 0 岁出生，是一个逐步自主、逐步自理自立的过程，而并非突然之间变得自主、突然之间变得自立。

✤ 婴幼儿阶段自己的事情自己做与自理自立习惯养成要点包括以下方面 ✤

0 岁起良好的安全感与自信，让孩子敢于做、有自信地做；

从 1 个月起放手呡手，铺垫最早的手口能力铺垫；

2 个月起逐步给孩子提供手抓玩具，锻炼孩子的手脑衔接，铺垫动手能力；

半岁起放手孩子自己抓饭、自己吃饭；

半岁起放手孩子参与穿脱衣裤；

1 岁后逐步做到吃饭食物不洒落，逐步引导孩子注意干净卫生；

一二岁后放手孩子逐步自己穿脱衣裤，逐步提升穿脱衣裤的熟练程度，并引导孩子自己把衣裤折叠收好；

2 岁后逐步引导孩子做其他力所能及的事务，包括自己收拾整理玩具，自己简单洗漱；

3 岁起逐步参与家务，包括扫地、整理房间等，并逐步分摊力所能及的家务；

三四岁起让孩子逐步承担力所能及的自己事务与家庭事务，除了收拾整理玩具、衣物外，自己收拾整理书包，帮家里承担扫地、收捡碗筷之类简单事务；

孩子所有自理自立事务或家庭事务，都必须从孩子兴趣期起开始放手、引导、培养，在孩子兴趣与主动的基础上进行引导；

孩子参与、负责的事务，务必避开存在危险的事务，如尖锐物件、火、电、水等危险因素，父母必须做好预防；

对孩子努力的行为予以关注、鼓励与必要的表扬奖励；

做得不好时予以引导、鼓励，尽量不批评，杜绝打骂；

在孩子情绪不好不愿做时予以理解与临时代劳，婉趣地引导孩子将良好习惯延续；

3岁左右初步铺垫良好的自理自立习惯；

在此基础上进一步提升，6岁左右初步养成自理自立习惯。

2. 劳动兴趣培养与惰性规避

劳动与家务兴趣即是愿意做、主动做，劳动兴趣是所有劳动习惯培养的基础。

对于婴幼儿孩子而言，劳动是一种玩，是一种模仿，孩子对劳动存在天生的兴趣。

劳动与家务兴趣培养很简单也很难，主要在于"放手"的把握；劳动与家务兴趣培养要点，在于尽早地放手，以及兴趣期基础上的动手能力与动手兴趣的保持与延续。

劳动兴趣培养与惰性规避要点主要包括如下方面：

良好的安全感自信铺垫是基础；

1月龄起放手吃手；

半岁起放手自己吃饭穿衣；

1岁起自己整理玩具书籍，帮忙整理床铺；

1.5岁起放手孩子的事务，如帮忙扫地等；

2岁起放手并引导、持续孩子的"折腾"；

3岁左右初步铺垫良好的事务兴趣；

放手、引导、协助孩子做好每天自己事务的坚持，养成习惯，提升能力与技巧；

对孩子努力的事务予以关注与认可，必要时给予适当表扬；

做得不好时予以鼓励与帮助，避免批评，杜绝打骂；

3岁起初步铺垫良好的事务兴趣与劳动兴趣；

在兴趣的基础上，做好旺盛精力的保持，注重劳动习惯的延续，孩子自然不会产生惰性；

3~6岁在兴趣与习惯基础上提升，初步养成勤劳不懒惰习惯。

3. 经常性劳动习惯

家务劳动的要点在于自主性、经常性。

当今社会，家长对孩子成长希冀在于知识学习，而不是放手孩子做多少自己的事务、帮家里做多少家务。

让孩子有更多时间专注于学习知识与锻炼身体，虽然是社会的一种进步。但不少家长不让孩子沾手任何家务，甚至包括孩子自己的事务。这种成长对孩子的勤劳吃苦与责任担当是一种扼杀，孩子3~6岁之后（特别是6岁之后）的逐步变懒与不愿动手、不屑于动手等，孩子青年甚至成年阶段的无责任、冷漠、啃老等现象，基本都是在这种成长背景下"保护"出来的。

很多家长认为孩子劳动与家务是一种时间浪费，而殊不知孩子通过劳动坚持而培养出的责任与勤劳是一辈子最大的成长收获！

孩子自己的事务（如整理书包、床被等）无疑是要天天做的事务，对于为大家扫地等小事务的坚持，周末与节假日大劳动（如帮厨、擦家具、农村的适当农活等）的参与，是孩子成长必须的坚持。

婴幼儿阶段家务习惯的养成与要点包括如下：

婴幼儿阶段家务习惯不在于所做事务家务的数量与质量，在保证安全前提下，先参与做、一起做，再逐步放手简单做、独自做；

在这一过程中，主动与持之以恒是前提，尽量避免被动的逼迫做；

从婴儿期放手吮手、放手吃饭、放手做自己的事务开始，做好逐步自主与动手能力铺垫；

对孩子感兴趣的家务行为（如扫地）放手，培养孩子兴趣，对合适的事项进行引导帮助提升；

鼓励帮助孩子对自己的事务自理自立；

鼓励帮助孩子打造并坚持几项合适的事务（如扫地、帮厨等），帮助孩子获取相应良好归属感与认同感；

3岁左右初步铺垫良好的家务习惯；

父母家长对孩子尽力做好的家务习惯予以关注、认同，必要时予以表扬甚至适度奖励；

对做得不足的予以引导、鼓励，必要时予以适度批评，杜绝打骂；

3~6岁阶段在此基础上提升并初步养成良好家务习惯。

劳动习惯一般在家务习惯基础上养成、强化，相关养成要点与家务习惯类似。

4. 坚韧与吃苦素养习惯的培养

坚韧、坚毅、吃苦、耐劳是一种优良品格，是一种良好习惯，更是一种良好素养。

坚韧、坚毅、吃苦、耐劳素养习惯的培养，最早从孩子自己事务、家庭家务等劳动行为习惯中培养，源自孩子在困难、困境、挑战压力下的坚持。

自我事务的良好完成，自理自立能力的培养，在早期兴趣基础上，构建对家庭事务、集体事务的主动努力、坚持与超越，是坚韧、坚毅、吃苦、耐劳素养习惯的最好铺垫。

相关要点如下：

0岁起良好安全感与自信，让孩子敢于坚韧、坚毅、吃苦、耐劳；

从婴儿期起，从放手呛手、放手吃饭、自己事务等方面开启放手与自主的良好铺垫；

从1岁左右兴趣期起，放手孩子的动手兴趣，放手孩子对自我事务、家庭事务的放手、引导、提升；

对孩子尽力做好的家务劳动予以关注、认同，必要时予以表扬甚至适度奖励；

对做得不足的予以引导、鼓励，必要时予以适度批评，杜绝打骂；

3 岁左右初步铺垫孩子良好的坚韧、坚毅、吃苦、耐劳素养习惯；

3~6 岁阶段继续做好坚韧、坚毅、吃苦、耐劳素养习惯的保持与完善提升。

婴幼儿阶段、小学阶段对自己事务、劳动事务的坚持是最简单直接的坚持，是相应素养铺垫的基础。

5. 劳动的良好习惯对素养的固化与强化

劳动的不同习惯对相关素养具有良好的固化与强化作用，主要表现包括：

自理自立习惯——对安全感、自信、耐心、自主独立、自强自尊、积极上进、严谨认真、责任担当、勤劳吃苦、恒心毅力等素养带来良好的固化与强化作用；

劳动兴趣培养与惰性规避——对自信、耐心、自主独立、自强自尊、积极上进、责任担当、勤劳吃苦、恒心毅力等素养带来良好的固化与强化作用；

经常劳动习惯培养——对自信、耐心、自主独立、自强自尊、积极上进、责任担当、勤劳吃苦、恒心毅力等素养带来良好的固化与强化作用。

若孩子存在素养不足，可根据相关对应关系，对相应习惯予以引导，借此纠偏并强化相关素养。

与上述关系相对应，相关素养对相应良好习惯的构建带来良好铺垫与促进。

小结　婴幼儿良好劳动习惯培养模式

婴幼儿阶段孩子劳的良好习惯最佳养成模式如下：

良好孕育的健康胎儿→0 岁起开启安全感与自信铺垫→尽可能母乳喂养、合理营养保证与身体健康→出生起避免过度依赖→1、2 个月起做好安全卫生前提下的放手孩子吮手（铺垫动手能力与自主意识）→半岁左右起放手孩子逐步自己吃饭（铺垫动手能力与自主意识）→1 岁起逐步放手孩子自己穿脱衣物、收拾玩具等事务→1 岁起放手自己摸爬滚打（铺垫动手能力与自主意识）→1.5岁起放手孩子负责自己的小事务（如逐步自己整理玩具书籍，提升动手能力与自主意识）→相关成长规则（爱劳动）的强化→3岁起放手孩子参与并逐步负责简单家务（如逐步负责打扫房间）→在参与事务的同时做好对应活动锻炼强化身体→对孩子努力做的予以关注、认可，必要时予以适当表扬甚至奖励→对孩子做得不足的予以鼓励与帮助，避免批评，杜绝打骂→孩子3岁左右初步铺垫良好劳动习惯→孩子6岁左右初步养成良好劳动习惯。

第五章

婴幼儿阶段成长动力铺垫

成长需要动力，没有动力的成长不是良好的成长。

孩子对父母与家庭的归属感追求、自尊与面子追求、兴趣特长、理想梦想、自我实现等构成主要的内在动力。

父母家人与老师等他人的关注奖罚是最常见的外在动力。

成长动力是孩子自主努力、积极上进的根源。

良好的成长动力须在婴幼儿阶段初步铺垫。

生活中，大多数父母特别注重善良、礼貌、学习成绩的培养，注重良好素养习惯的培养，却不太在意成长动力的培养，孩子的很多行为都是在父母的要求甚至压力下完成的，这是当今孩子们普遍缺乏自主努力与自主上进的根源。

生活中很多成绩出色的孩子可能因一两次成绩下降而消极悲观甚至自暴自弃，这些问题（甚至悲剧）的根源大多是因为成长动力不足所致。

一、成长动力分类

1. 内在成长动力

内在成长动力包括归属感追求产生的成长动力、自尊与面子追求产生的成长动力、兴趣爱好与特长产生的成长动力、理想梦想追求产生的成长动力、自我实现与追求产生的成长动力等方面（生理需求也产生成长动力，但该动力具有原始共性，故不予分析阐述）。

内在成长动力是恒久，可以伴随一生，其能量是巨大的，甚至可能会以生命为代价。

2. 外在成长动力

外在成长动力主要是指外在的关注、要求、奖罚等因素产生的成长动力。

外在成长动力可能转化为内在成长动力，一般会随着外在因素的改变而改变，故外在成长动力更多取决于他人，相对来说难以起到长久的促进成长的作用。

自我成长教育更多主张培养内在成长动力，或主张自主行为下的外在成长动力内化，其原因即在于此。

外在成长动力须被孩子认可接受才能转变成内在成长动力，对外在成长动力给予者的归属感追求（或逼迫）是外在动力内化的主要途径。否则，他人的要求与奖罚永远只停留于外在，无法得以内化，不能成为孩子的成长动力。

3. 成长动力的促进作用

孩子的成长主要包括素养习惯与成长动力两部分。

塑造良好的素养习惯是成长的基础，构建良好的成长动力是成长的保障。

此外，成长动力不仅是成长推动力所在，也是理想梦想、特长发展等积极追求所在。

良好的成长动力塑造积极上进的成长心态，缺乏成长动力的孩子容易消极迷茫。

生活中很多的成长问题（包括犯罪与自杀行为）都是由于缺乏良好的成长动力与方向所致。

素养习惯与成长动力对于孩子的健康成长不可或缺。

二、归属感追求塑造的成长动力

1. 归属感追求塑造的成长动力

婴幼儿归属感主要包括家庭归属感、幼儿园归属感、朋友圈归属感等。

家庭归属感的核心是父母，幼儿园归属感的核心是老师，朋友圈归属感的核心是朋友。归属感是孩子自我表现与父母认可与接纳的综合。

归属感的追求应是发自孩子内心的，他们主动希望适应家庭、幼儿园、朋友与社会。归属感是社会化的安全感，是孩子社会化的自主开启。

归属感的本质是符合成长规则、能够得到他人认可的自我努力。

在此过程中，良好价值观的铺垫是归属感追求的基础。

2. 婴幼儿阶段归属感追求的铺垫

婴幼儿归属感追求的铺垫包括以下几方面：

铺垫良好的安全感与自信；

铺垫良好的亲子关系；

适当放手让孩子自主；

对孩子的行为予以合适的关注；

对孩子良好的表现予以关注、认可、表扬；

对做得不好的予以鼓励、帮助，可以适当批评；

引导并帮助孩子的上进追求。

做好以上几点，孩子会主动在人前表露出努力，自主追求并构建良好归属感，而不是纯粹依赖他人给予归属感而过度依赖他人与环境。

3. 价值观对成长动力的铺垫

价值观是基于人的一定的思维感官之上而做出的认知、理解、判断或抉择。价值观决定一个人对人生目标与个人价值的看法。

价值观对人们自身行为的定向和调节起着非常重要的作用，决定一个人的理想、信念、追求与成长方向，决定一个人长远追求与长远成长动力。

婴幼儿的价值观具体表现为对良好素养习惯与成长规则的认可、接纳与内化，如把主动热情、自主独立等内化成自己努力的目标。

价值观的培养，除按照素养的最佳养成模式为基础，还可以带孩子多参加充满正能量的活动，通过书本阅读、故事讲读、动漫故事进行针对性的引导，帮孩子树立的梦想和榜样，铺垫良好的价值观。

4. 婴幼儿价值观的铺垫与塑造

婴幼儿价值观价值感的铺垫与塑造措施如下：

父母熏陶引导与以身作则铺垫的价值观；

故事阅读、影视作品铺垫的价值观；

奖罚引导并塑造的价值观；

家庭、学校、社会氛围与环境塑造的价值观；

朋友圈的价值取向影响的价值观；

家长老师日常事务中引导的价值观；

游戏规则铺垫的价值观。

5. 追求价值感塑造的成长动力

价值观不同的人其追求价值感的方式也不同。不同价值感带来的成长动力亦不同。

价值感追求建立在价值观的基础之上，良好的价值观引导良好的成长方向，产生良好的成长动力，带动良好的成长行为与自我努力。如以助人为乐的孩子会因帮助他人而感到开心，会为能帮助更多人而努力。

价值感追求的动力取决于价值观。

三、自尊与面子塑造的成长动力

1. 自尊与面子塑造的成长动力

自尊是正能量的心理需求，不仅能够产生正向的成长动力，还可以成为成长的追求目标。

处于成长早期的孩子，适度的面子与虚荣心具有一定的成长促进作用，对自信的强化与自我努力有所助力。

家长应该尽量维护孩子的面子，偶尔促成他们适度的小虚荣，借此激发孩子努力。在后续成长过程中，家长则应逐步摒弃虚荣心，让孩子脚踏实地地成长。

打骂、羞辱、漠视等对自尊的伤害巨大，很容易导致孩子的自暴自弃，家长应极力避免。

2. 婴幼儿阶段自尊与面子的良好保护

婴幼儿阶段自尊与面子保护措施包括以下几方面：

对孩子和蔼可亲，令其感知到爱；

与孩子交流平等，重要事情应蹲下来保持平视交流；

尽可能尊重孩子的意见，若不采纳要给予解释；

避免打骂对自尊与面子的伤害；

帮孩子保守小秘密；

尽可能不把孩子的缺点告诉外人，不当着他人的面批评、说教孩子；

不在孩子的面前过多过度地夸奖他人；

不贬低孩子。

四、兴趣特长塑造的成长动力

兴趣是孩子发自内心喜欢的事情。

特长是指在某些方面具有的优势与强项。

特长应尽量在兴趣的基础上发展，不是在兴趣基础上发展的特长很难保持其长远的优势。

建立在兴趣基础上的特长可被视为成长优势，是一个人成长方向的首选，是心底的梦想所在，更是一个人成长的巨大动力所在。

1. 兴趣的成长动力

兴趣是孩子喜欢的事情，也是孩子行为的动力，几乎可被视为其自主活动的全部动力之所在。培养孩子的行动力与学习动力无疑应以兴趣为指引。

在兴趣基础上发现特长，并由此形成特长引领成长的教育模式才是真正意义上的快乐教育。

兴趣在很大程度上决定着一个人的成长、成才与成功。因此，在婴幼儿阶段家长应做好广泛的兴趣铺垫，在此基础上发现并强调孩子的特长。这是培养良好成长动力的重要模式，是铺垫孩子未来发展的重要模式。

2. 特长的成长动力

特长是一个人在某方面的突出能力。

特长一般是在兴趣的基础上发展起来的，强烈的兴趣容易促成特长，特长反之可提升兴趣。

也有不少孩子的特长是在家长的高压下，经过勉强的反复练习养成的。这些特长并非孩子兴趣所在，长此以往会引发厌烦情绪甚至逆反心理。

特长与兴趣的有机结合能形成巨大持久的动力。没有兴趣作为根基的特长，难以得到长远的健康发展。

特长一般能够成为成长优势，对未来成功具有重大的铺垫意义。

在兴趣基础上培养特长，在特长基础上构建理想，是蓄积终生成长动力的有效手段。

3. 兴趣的铺垫与培养

孩子兴趣培养的关键对策，是在兴趣敏感期（1~4岁）放手让孩子广泛接触、认知、摸索各方面的事物，引导孩子对此进行思考，形成"好奇—关注—琢磨—更多认知—掌握新能力—自信—兴趣形成—发现可能的特长—提升兴趣"的良性循环。

在此过程中，家长应秉持不逼迫、少否定、不批评、杜绝打骂的态度，尽量避免孩子因压力督促而感到腻烦甚至产生逆反情绪；应该让孩子自主摸索，或引导孩子自主思索，方才是培养情趣的有效手段。

4. 特长的铺垫与培养

兴趣是特长的基础，形成特长后更加滋养兴趣。兴趣和特长相互铺垫、相互促进、相辅相成。

无论是基于兴趣的特长培养，抑或通过机械反复练习的特长养成，都必须坚持，否则特长很难拔尖和持久。

只有基于兴趣的特长才有可能成为真正恒久的特长，才可能成为真正卓越的特长。

婴幼儿兴趣特长培养要点如下：

做好素养铺垫：0岁起铺垫良好的安全感与自信，注重孩子耐心、专心专注等素养的培养。

放手让孩子自主：从吮手、吃饭、穿衣、摸爬滚打到参与简单家务等，放手让孩子自主，铺垫良好的动手能力与动手兴趣，建立自主意识；

做好兴趣的铺垫与强化：引导孩子观察周围事物、锻炼思维，培养并保持孩子的好奇心，在孩子兴趣敏感期让他们广泛接触各种领域，发现孩子的兴趣点所在，并发展为特长。

做好特长的提升与强化：基于兴趣的前提下，可以送孩子参加相关早教班或兴趣班，做好扎实的基础铺垫，如音乐、绘画、外语等，并在此基础上强化兴趣，避免因兴趣不足影响特长的建立。

五、理想、梦想塑造的成长动力

理想、梦想是孩子内心的渴望与追求，是其内在的成长动力。虽然，理想、梦想的动力主要在小学及之后的阶段发挥作用，但须在婴幼儿阶段就开始铺垫。

拥有兴趣特长、坚持梦想、心中有榜样的孩子，具有更大的内在成长动力。

1. 理想、梦想与偶像

理想是对未来事物的美好想象与希望，是对未来自身发展的向往与追求；梦想是对未来的一种期望，是一种让人只要坚持就能感到幸福的目标与憧憬。梦想与理想雷同，但梦想具有更高要求，更具虚幻性。对理想、梦想的追求是成长的巨大动力，可延续终生。

在幼儿阶段，一个人对未来的憧憬与追求主要表现为榜样与梦想，在小学、中学阶段主要表现为梦想、理想，在大学及之后的阶段更多地表现为理想。

理想、梦想具有很大的可变性，在幼儿、小学阶段以榜样的形式萌芽，在后续成长阶段不断得到强化、深刻，并逐渐固化，甚至决定了孩子的成长方向。

2. 偶像对婴幼儿阶段成长的作用

婴幼儿对所有"厉害"的人或物都很崇拜，心中的偶像往往是奥特曼、孙悟空这样的虚幻英雄，也会逐渐向现实人物过渡，如军人、科学家等，当然，出色的父母、老师、同学、朋友等也会成为他们的榜样。

孩子会为像榜样一样厉害而自发努力、自我约束。因此，在他们泄气、偷懒、疏于努力之际，家长可适当提醒他们向榜样学习，让孩子自我纠偏、自我激励。

除了激励效应，榜样也会提升孩子内心的力量，会形成心理暗示，自立、自信、自强，形成更强大的成长动力。

3. 婴幼儿阶段偶像的培养

偶像是婴幼儿的理想、梦想的初始形式，主要是读物、动漫中的角色，亦可是日常生活中存在的真实人物。家长、老师的强化与伙伴们的认可是榜样产生的重要促进。

生活中，很多孩子因一些动漫故事而迷信暴力，例如奥特曼，这就需要父母及时干预，在不轻易否定孩子偶像的前提下，告知奥特曼的神功来自科学家智慧的赋予，彰显强调科学家的神奇伟大，从而淡化动漫人物的暴力色彩。

4. 为孩子铺垫理想、梦想

梦想、理想的构建主要始于小、中学阶段，大多是基于幼儿阶段的榜样进行升华，也可能是超越幼儿阶段榜样重新构建。

六、关注和奖罚塑造的成长动力

Chapter 5

1. 关注对成长动力的影响

关注是家长、老师对孩子的在意与留意，是奖罚的基础，奖励与惩罚都建立在关注之上。

关注是为了便于判断孩子的行为，确定应认可表扬抑或否定批评。

关注是肯定与否定的前提。

缺乏关注的孩子无法获取外在的成长动力。很多孩子在感觉无法做到优秀时，会通过捣蛋甚至破坏等方式来获取关注。

有了关注，孩子才有努力的动力，否则会感觉自己是在白费劲，很容易因此而自暴自弃。

不予关注比批评甚至惩罚对孩子的伤害更大。

父母、老师应给予孩子必要的关注。

关注是孩子健康成长的重要前提。

科学的关注是在必要时给予适度的关注，关注太少易造成孩子焦虑，进而缺乏动力，过度的关注则会让孩子产生虚荣，将获取更多的关注作为成长目标，而忽视自身成长的意义。

关注的目的是为了确保孩子自主行为的正确性，确保其成长方向与关注者的预判一致。

对孩子的行为一般以关注为主，必要时可采取适度的表扬鼓励或批评惩罚。在孩子付出了巨大努力或取得难得的成绩时予以奖励，在其疏于努力或出现重大过错时才考虑必要的惩罚。

关注是成长方向（素养行为表现）的及时检验。

2. 奖罚对成长动力的影响

奖励与惩罚是家长、老师对孩子进行教育引导的最常用手段。

奖励包括口头与物质两种，都是对孩子良好表现的认可，是对良好成长方向的倡导；批评惩罚是对不良不当行为的否定与制止。奖励产生正向的成长引导，批评惩罚对不良行为产生阻遏作用。

奖励对孩子的自信培养尤其重要，但要适度，过度奖励容易导致孩子骄傲自满，并减弱奖励的效力，或是孩子为了获得奖励只做表面功夫。

批评与惩罚对扼制孩子不良言行举止一般具有立竿见影的效果，但由于孩子正处于自信的构建期，因此3岁前尽量不采取否定手段，特别要杜绝经常性的批评、嘲讽，以及打骂。

奖励与惩罚作为外来的动力，应首先得到孩子的认可并接受，否则不仅起不到应有的作用，反而会遭到孩子的对抗、嫌弃，甚至产生逆反心理。

奖罚是孩子成长方向（行为标准）的重要指引。

七、自我实现塑造的成长动力

自我实现与自我超越是自我成长的最高境界，是自我成长教育致力于打造的终极成长模式。

1. 自我激励、自我实现、自我超越的成长

成长的最高境界是自我激励、自我努力、自我实现。这三者每个人身上都有，只是存在程度上的差异，有的很微弱，有的很强大，完全取决于孩子的素养铺垫，特别是自主独立、诚信自律、自强自尊、积极上进、责任担当、恒心毅力、专心专注等素养。

在具备良好素养、习惯的基础上，家长应积极帮助孩子发展兴趣特长，树立理想、梦想，培养其自主意识与自主能力，引导并放手让孩子进行自我激励、自我努力、自我实现，打造良好的自我成长模式。

在自我激励、自我努力、自我实现的过程中，拥有良好的自主意识与自主能力是前提。没有良好的自主，就谈不上自我成长。

2. 挫折打击下的发奋图强

通常情况下，遭受重大打击挫折的孩子容易消沉，如经历家庭变故、肢体残疾、遭受屈辱等，对成长的影响无疑是巨大的。但生活中于逆境中发愤图强创造奇迹的案例也并不少见。

鉴于此，家长应在早期帮助孩子建立良好的安全感与自信，进而打造坚强的意志，以及自主独立、勇敢坚强、自强自律、积极上进、勤劳吃苦、恒心毅力、专心专注、条理思维等必备的素养。

生活中并不少见这样的例子：有的人小时候各方面并不出色，但长大一

些后好像突然变了个人，懂事成熟好多；或是有些孩子在遭受重创后，反而激发出了巨大的内在成长动力，并因此而发奋图强，实现了成长的逆袭。

表面看，发奋图强的成长模式与优性循环成长模式似乎有所冲突，但二者对良好素养的养成要求是一样的。在具备强大核心素养与良好理想、梦想的基础上，意外的打击伤害反而有可能激发出巨大的自我成长动力，打造成长的逆袭。

第六章
婴幼儿阶段成长问题的规避

　　成长是一个复杂的系统过程，会受到来自各方面的影响。其中，难免存在不足，特别是因抚养人的认知有误，而造成的各种成长问题，需要及时发现、修正、纠偏。

　　孩子的素养和习惯会在 3 岁前初步养成，于 3~6 岁基本养成。所以，在婴幼儿阶段家长要尽可能做好相关的铺垫，对可能出现的成长问题进行预判、规避，一旦出现及时修正、纠偏。

顺应成长规律，做好成长铺垫，可以有效规避成长问题。

　　为数不少的家长认为成长问题的根源在于孩子，是孩子主观行为不当所导致。其实，家长对此有着不可推卸的责任。父母首先应对教养的态度和方式方法进行反省，进而改善，并由此带动孩子成长的修正与提升。

一、避免不听话与过于听话

1. 把握听话的"度"

传统理念认为，听话的是好孩子，不听话的是熊孩子。

那么，家长所言若不一定全对，孩子是该听，还是不听？

毫无疑问，正确的做法是孩子对家长的要求做出判断，再决定是否遵从。事实上，一味要求孩子顺从听话，是对其自信、自主、敢于挑战等素养的扼杀。

一般而言，必须要听的话包括道德规范、社会规则等，而对于一些非原则性的事情，家长可以尊重孩子的意见，充分发挥他们的主观能动性。其实，"听话"的关键危害在于孩子习惯性地盲目服从，进而损害他们自身的责任意识和独立思维。

所以，不要笼统地要求孩子必须听话。为人父母者要明白，让孩子听话是为了尊重别人或遵循既定规则，而非要求他们服从权威或遵从大人的意志，当孩子具有一定的判断能力和是非感后，应该鼓励他们提出自己的见解，对大人的话敢于怀疑、敢于探讨、敢于甄别。

2. 不听话的规避对策

不听话包括两种情况：习惯性不听话和故意捣蛋不听话。此处就前者进行探讨（后者将在本章后段进行探讨）。

因厌烦父母过于啰唆而懒得搭理是导致孩子习惯性不听话的主要原因。

习惯性不听话的规避对策如下：

0岁起铺垫良好的安全感与自信，构建紧密的亲子关系，使孩子对家长建立充分的信任感，而愿意听话；

杜绝溺爱，与孩子保持平等关系，相互尊重；

与孩子保持良好的交流，做到彼此间的及时回应；

注意和孩子的交流方式，避免无谓的啰唆而导致孩子产生逆反心理；

可以与孩子交换小秘密，或是讲一些悄悄话；

不强迫孩子服从权威，否则效果将适得其反；

孩子如果听话，或及时响应了大人的要求，应予以认可，必要时给予适度表扬；

对孩子做得不足之处进行引导，尽量少批评或不批评，杜绝打骂；

3岁起初步建立与孩子良好的沟通习惯；

6岁起基本建立与孩子良好的沟通习惯。

3. 应对孩子不听话的策略

导致孩子不听话的原因很多，多与父母有关，如过度控制，情绪性育儿，未能以身作则而失去权威性，言而无信而失去基本的信任基础等。面对孩子出现不听话的情形，我们可以使用如下的对策：

蹲下来以保持与孩子平视，心平气和地与之探讨不听话的原因和改进措施；

对孩子"不听话"的合理性阐述应予以认可，甚至给予表扬，要充分尊重孩子的自主；

鼓励孩子持不同的观点，用不同的方法探讨、交流，以此提升孩子的甄别能力；

对于孩子的无理取闹可以适当批评，但也仅限于就事论事，避免乱发脾气，杜绝打骂；

对"不听话"所造成的具有伤害性的后果应予以预防，或采取冷处理的方式，必要时应果断制止；

若孩子执意不听劝阻，应告知其"不听话"的后果，并要求他们自己承担，让孩子自我反思；

可以进行共情调侃，如夸张地模仿孩子不听话的行为，令其感觉不适而难为情，引导孩子自觉改进；

精心准备既有相关教化意义的故事或绘本与孩子一起阅读，启发强化听话的必要性，若遇意见不同时，也要与家长进行探讨而非一意孤行；

对于孩子的改进要予以关注与表扬；

特别做好关于诚实的"首三次"引导。

4. 形成过于听话的原因与规避对策

⚜ 过于听话的形成原因 ⚜

过于听话，主要是孩子缺乏自信与家长过度教育的结果，具体如下：

孩子因缺乏安全感与自信而习惯性听话，或只是表面上听话；

父母的高压政策使得孩子不敢表达自己的意见，故听话；

孩子缺乏自主意识，自主能力差，习惯了唯唯诺诺；

家长过分保护或代劳，令孩子养成无须思考、只需听话的习惯；

孩子的语言表达能力有限，只得听话。

很明显，过于听话会让孩子变得缺乏自信，沟通能力低下，对其成长构成巨大的负面影响。

⚜ 过于听话的规避对策 ⚜

过于听话的规避对策主要在于铺垫良好的自信与自主，避免高压教育。具体对策如下：

帮孩子建立良好的安全感与自信，令其有敢说的勇气；

相互尊重，平等交流，充分听取孩子的想法；

鼓励孩子对事物发表自己的见解，而且不一定要与父母的见解一致；

父母以身作则说话算数、能够兑现承诺；

父母对于自己的错误要敢于承认、反思、检讨；

为孩子铺垫良好的成长规则，锻炼表达能力，让孩子知道该怎么说；

对孩子的听话和及时回应要予以认可，必要时给予表扬；

对孩子做得不足之处要进行引导，尽量少批评或不批评，杜绝打骂。

二、避免过度依赖

依赖是孩子天性，适度的依赖是成长所需，是安全感、信赖、亲情良好铺垫的重要保证。

缺乏依赖的孩子虽具有一定的自主能力，但安全感差、情感淡薄。

过度依赖的孩子自我能力相对薄弱，难以成就勇敢坚强的品格。

婴幼儿阶段过度依赖的孩子，在后续成长阶段依然会存在相同的问题，对成人后的自立影响巨大。

婴幼儿依赖程度的把握原则——适度依赖。

1. 形成过度依赖的原因

形成过于依赖的原因主要在于家长对孩子的纵容，如出生起就抱睡、过度保护不放手、大包大揽等。

过度依赖的孩子一般缺乏足够的安全感与自信。

孩子因惊吓、病痛等导致父母的过度保护，是造成过度依赖最常见的原因。

❧　**特别提示：过度依赖多是从出生后抱睡开始**　❧

新生儿若由父母抱睡，往往只需两三天，再离开大人的怀抱就根本无法入睡，会一直哭闹，直到再次被抱起。大部分父母，尤其祖辈人认为过早地对孩子"断舍离"是残忍的，于是一而再再而三地满足孩子的需求，令其愈发离不开大人的怀抱，而且这种态势愈演愈烈，直至很大以后都不能实现自主自立，更谈不上勇敢坚强了。

合适的对策是，即使新生儿存在身体不适或安全感不足的情况下，也尽量采取陪伴身边或轻拍安抚的做法，避免因长期抱睡而造成的过度依赖。

2. 避免过度依赖的对策

对于新生儿来说，父母应尽量避免因长期抱睡而造成的过度依赖。

避免过度依赖的对策具体如下：

从孩子出生起就做好适度原则，从避免抱睡开始；

0岁起铺垫良好的安全感与自信，构建紧密的亲子关系；

放手让孩子自己成长：按年龄段不同，放手让孩子吮手、吃饭、穿衣、做一些力所能及的家务等，培养其良好的自主意识与自理能力；

杜绝溺爱、孩子中心化，以及大包大揽；

对孩子哭闹的响应要有适度的迟滞，避免一哭必应，引发孩子过度依赖；

对孩子的努力予以关注、认可，必要时给予适度表扬；

对孩子做得不足之处进行引导，尽量少批评或不批评，杜绝打骂；

3岁起逐步建立自主意识与自理能力，逐步做到不依赖大人；

6岁起基本建立自主意识与自理能力，做到不依赖大人。

3. 应对孩子过度依赖的对策

过度依赖的表现包括不抱就哭、与父母形影不离、父母一离开就哭闹等。

应对孩子过度依赖的情形，我们可以使用如下对策：

以拥抱对孩子进行安抚，蹲下来和孩子平等沟通，询问孩子是不是有什么委屈或担心，了解他们害怕与依赖的原因；

尽量采取"婉趣"坚持或调侃的方式化解孩子的过度依赖感；

可以适时满足孩子的部分依赖需求，但满足的程度要逐渐递减；

不要强制解除孩子的过度依赖，不批评或少批评，杜绝打骂；

做好化解依赖的"首三次"引导；

鼓励孩子给弟妹或他人做好独立自主的表率；

在合适的游戏活动中强化孩子的独立自主性。

三、避免逆反心理的滋生

逆反是很普遍的成长现象，是孩子自我的表现，是成长的必然。

逆反心理的滋生多是由于家长不能给予孩子足够的自主和尊重，不愿听取孩子的意见，对其管理严厉，乃至苛刻，甚至出现打骂的现象。

逆反不可能完全避免，也无须完全避免。零逆反的孩子通常缺乏自我意识，而过于逆反的孩子则缺乏规则意识，无法自控。

为孩子建立良好的自主成长模式，是应对孩子滋生逆反心理的最好对策。

适度合理的逆反是成长之必须，是个体进步之必然。

1. 逆反是成长的天性

自主是孩子的天性，逆反亦然。

成长过程中，孩子喜欢自己做主，希望通过自己的实践领悟各种规则，而不是完全遵循父母他人的要求，即不想被强制性习得——这就是孩子天性中的逆反因子使然。

自我成长教育主张，对于所有成长规则、社会规则，家长应尽量通过言传身教引导孩子模仿习得，让孩子从故事阅读、影视观看或他人的表现中发现值得学习的东西。如此，孩子会将这些发现视为自己的努力所得，会更愿意遵循，也会更加自信。而父母需要做的就是对此予以关注认可与适度的表扬，满足孩子的成就感，让他们尽情发挥自主的天性。

满足孩子天性中存在的逆反心理，是自我成长教育的有效措施。

2. 执拗期逆反是自我意识强化的表现

执拗与逆反是孩子展现自我的正常表现，也是成长的必然。对于成长过程中出现的执拗与逆反无须急于扼杀，而是要做好因势利导，帮助孩子更好地成长。

为数不少的家长发现，到了 2 岁左右，原本乖巧可爱的孩子竟然开始变得"不听话"了，不管大人同意与否，只要是他认定的事情，必定死磕到底。对此，家长不免惶恐："孩子不听话了""开始胡闹了"，又感到束手无策。

其实，这样的表现说明孩子已经开始有了属于自己的想法、秩序，是其内心成长的必然表现，实属正常现象。

很多家长对于孩子的这种执拗表现如临大敌，并认为必须及时扼制。殊不知，这样武断的制止带来的直接后果就是对孩子内心成长、安全感、自信心的一种无情打击与伤害。为人父母者一定要对处于执拗期的孩子妥善对待，而不要盲目打压。

3. 规避和弱化逆反的对策

家长可以通过强化孩子的自主来弱化逆反，从 0 岁起就要做好放手与自主成长铺垫。

规避和弱化逆反的对策具体如下：

0 岁起铺垫良好的安全感与自信，构建紧密的亲子关系，使孩子对家长建立充分的信任感；

放手让孩子自己成长，按年龄段不同，放手让孩子吮手、吃饭、穿衣、做一些力所能及的家务等，培养其良好的自主意识与自理能力；放手并引导孩子的自主；

相互尊重，平等交流，充分听取孩子的想法，与之交流；

尽早为孩子培养良好的规则意识、素养和习惯，让孩子在执拗期的行为尽量在可接受的范围内；

尽可能尊重处于执拗期的孩子，尊重他们的意见；

对于孩子的无理要求应尽量通过"婉趣"的方式淡化，或转移他们的注意力；

为孩子培养一些兴趣、爱好，树立理想、梦想，淡化逆反情绪；

对孩子努力的予以关注、认可、表扬；

对孩子做得不足之处要进行引导，尽量少批评或不批评，杜绝打骂。

4. 应对孩子逆反的对策

造成逆反主要是由亲情与规则铺垫不足所致，以及父母的不愿放手、专制、高压、打骂教育等。

应对孩子逆反的情形，我们可以使用如下对策：

不情绪化，不批评或少批评，不打骂，避免孩子因此而更加逆反；

冷静分析形成逆反的可能原因及本次逆反的诱因；

若孩子有委屈，要帮助其化解；

换位思考孩子的感受，寻找他们能接受的方式解决问题，让孩子自动放弃逆反的做法；

采用"婉趣"坚持的对策化解逆反；

对于可能存在的孩子安全感与亲情铺垫不足的情况，可在日常生活中用关爱、有效的陪伴、拥抱、牵手等方式弥补；

通过尊重孩子来弱化逆反；

对处于执拗期的孩子予以理解，在不违反原则的前提下尽量尊重孩子的意见；

对于一些暂时无法化解的逆反情绪，可适当采用冷处理的方式自然淡化，或提供一些孩子喜欢的事物进行替代，待合适的机会再对孩子进行引导教化；

特别做好逆反的"首三次"化解引导；

在日常生活中潜移默化地做好放手自主的引导与强化。

四、避免暴脾气

暴脾气在溺爱型孩子、受打击型孩子中较常见。

婴幼儿阶段形成的暴脾气容易延续到后续成长中，一旦形成较难扭转。

暴脾气的形成尽量防患于未然。

1. 婴幼儿暴脾气的养成

父母脾气暴躁，孩子也多是"火药桶"，一点就着。故不少人认为暴脾气是遗传所致，但其实还是因为父母没有起到表率作用，孩子有样学样，才变成一家子火暴脾气。

暴脾气的形成原因包括以下几方面：

缺乏安全感、自信和关爱；

父母脾气火爆的示范效应；

父母惯于对孩子发号施令，强制高压；

父母溺爱孩子，助长了孩子的坏脾气；

棍棒教育下，孩子被磨出暴躁的脾性；

孩子向脾气暴躁伙伴的模仿。

2. 避免和弱化暴脾气的对策

良好的安全感与自信铺垫，是良好性格脾气的基础；

良好紧密的亲子关系是建立良好沟通、养成良好脾气的感性基础；

与孩子平等相处；

鼓励放手让孩子自主；

父母对待孩子要保持耐心，以身作则熏陶孩子的耐心素养；

Chapter 6

父母要尽量管理好自己的情绪，不乱发脾气，并用心做好不良脾气的"首三次"引导；

有时，孩子发脾气是为了发泄，应在理解的基础上予以正确引导；

对处于执拗期的孩子予以理解，在宽容基础上进行适度引导；

对孩子的努力予以关注、认可，必要时给予适度表扬；

对孩子做得不足之处进行引导，尽量少批评或不批评，杜绝打骂；

对孩子的不良脾气可在日常生活中潜移默化地进行纠偏，如多进行细物分拣、走迷宫这样磨炼耐心和专注力的游戏。

3. 应对孩子暴脾气的对策

应对孩子暴脾气的情形，我们可以使用如下对策：

父母做好情绪管理，少批评或不批评、不打骂，避免孩子因此脾气更加暴躁；

以拥抱对孩子进行安抚，蹲下来和孩子平等沟通，询问孩子是不是有什么委屈或担心，了解他们发脾气的原因与本次暴发诱因，并帮其化解；

换位思考孩子的感受，给予他们更多理解；

在孩子情绪难以控制时采取冷处理方式，待孩子冷静后再尝试接触沟通；

留意孩子的朋友圈，避免孩子与脾气暴躁的伙伴为伍；

对于可能存在的孩子安全感与亲情铺垫不足的情况，可在日常生活中用关爱、有效的陪伴、拥抱、牵手等方式弥补；

对孩子在日常生活或游戏玩乐中可能出现发脾气的情形进行预判，并以轻松的方式进行化解铺垫；

特别做好暴脾气的"首三次"化解引导；

对孩子的不良脾气可在日常生活中潜移默化地进行纠偏，如多进行细物分拣、走迷宫这样磨炼耐心和专注力的游戏。

五、避免和弱化电子产品成瘾

电子产品（电视、电游、手机等）对教养具有一定的积极作用，但如果失控，亦能令孩子成瘾。电子产品成瘾的孩子其思维习惯容易跟着电子节目与游戏娱乐走，不利于孩子良好自主思维与主动思考，不利于孩子思维的深度与广度拓展；电子产品成瘾后，孩子会对学习、运动等其他活动甚至玩耍都不感兴趣，严重影响成长。

1. 电子产品成瘾的原因

6岁以前的孩子尚未完全建立探索知识的意识，也没充分体验到很多健康正面的事物和活动的乐趣，这时接触电视、电游这类易上瘾的事物会觉得简单而有趣，不需要费力思考，容易获得精神上的快感，因而比较难摆脱。

另外，很多父母也是成瘾者，在家基本手机、平板电脑不离手，不是追剧就是游戏，这样的示范效应极易刺激孩子。而很多没空儿或不愿陪伴孩子的家长索性主动把手机交到孩子手中打发时间，助长了成瘾的态势。

电子产品（特别是电视）成瘾性活动形成的主要根源在于成瘾前，还没有铺垫对书本与知识有兴趣探索的良好思维，甚至还根本没体验过这些主体的正能量事务，使得简单的、容易成瘾性的活动抢先成为好玩的活动，而孩子此后再接触这些需要更加集中精力的活动时很难养成费心思的习惯，使得孩子对这些简单有趣而多变的活动上瘾。

如果在二三岁前铺垫了孩子良好阅读兴趣或运动玩乐兴趣，之后再逐步接触电视等电子产品的话，则父母对孩子的电子产品的引导与控制要容易得多，孩子对电子成瘾的概率与程度就会低得多。

Chapter 6

2. 规避电子产品成瘾的对策

为孩子铺垫良好的安全感与自信，尽早引入阅读、运动、思维等正面积极的活动；

二三岁前，尽量避免孩子过多接触各类电子产品；

从半岁起，应经常带孩子参加户外活动，观察花草虫鸟，扩大认知，并逐步对大自然产生兴趣；

1岁左右，培养孩子对阅读的兴趣，在3岁前鼓励孩子发散思维，保护助长他们的求知欲；

1岁左右，引导孩子的思维发展，3岁前培养他们好思考的习惯；

3岁后可以尝试接触一些电子产品，但必须基于做好自律、自强、上进等素养的良好铺垫；

接触电视节目初期，尽量选择知识类短剧与孩子一起观看，且约定时间，看完后立刻换为其他适宜的活动，避免上瘾；

父母无暇陪伴时，可安排孩子进行阅读、玩玩具等活动，切忌给孩子使用电子产品打发时间；

引导孩子学会自控，但避免强制性要求；

预防并规避朋友圈的不良影响；

对孩子的努力要予以关注、认可、表扬；

对孩子做得不足之处要进行引导，沉迷不改的可以适度批评，但杜绝打骂。

3. 应对孩子电子产品成瘾的对策

应对孩子电子产品成瘾的情形，我们可以使用如下对策：

不情绪化，不批评或少批评，不打骂，避免孩子因此更沉迷电子产品；

不强制要求，避免孩子产生逆反心理；

陪孩子一起看完某个节目后，进行交流，同时引申出更有意义的阅读或其他活动，转移孩子对电子产品的注意力；

与孩子一起探讨有关理想的话题，引导孩子发展正向的兴趣特长；

精心为孩子准备他们喜欢的故事，与之一起阅读分享，进而弱化电子产品的吸引力；

在孩子面前，家人尽量少看或不看电视，也避免讨论相关话题；

切忌用电子产品陪伴孩子；

与孩子一起尽量减少使用电子产品的时间，多采用户外活动或阅读等方式陪伴孩子；

在孩子坚持使用电子产品时，采用"婉趣"坚持的对策引导，或建议孩子做一些平时他们喜欢的健康的活动；

对孩子努力自控的表现予以认可、表扬；

对孩子做得不足之处要进行引导，尽量少批评或不批评，杜绝打骂；

特别做规避电子用品成瘾的"首三次"引导。

六、避免懒惰不爱动

一般来讲，婴幼儿对周边的事物都是兴趣盎然的，除非体力精力不足，否则他们是很好动、很勤快的。在兴趣不足的情况下，孩子可能会表现出一些不爱动的懒惰苗头，这些苗头就是未来懒惰的早期表现。

1. 懒惰不爱动的原因

有父母认为孩子3岁前安静点未尝不是好事，但很多这样的孩子长大后（通常在3~6岁阶段）逐渐变得懒惰，而且越大越懒。对此，父母往往怒火中烧，认定孩子不争气。

　　事实上，孩子在3岁前通常是很好动的，这是他们的本性。除少数碍于体质等主观因素，大部分孩子的懒惰都是受父母不良影响所致。比如，2月龄左右的孩子有主动吮手的欲望，父母却因担心卫生问题而横加制止；半岁的孩子极力想要自己动手吃饭，大人却担心他们弄脏衣服、地板或担心他们噎着，而全力喂养；1岁左右的孩子很想尝试自己穿衣，大人却嫌孩子笨手笨脚而频频代劳；二三岁的孩子想帮妈妈做家务，大人却担心他们越帮越乱而断然拒绝；孩子很想出门游山玩水，大人又担心他们累着生病而勒令其宅在家里……就这样，孩子慢慢对一切需要亲力亲为的活动失去兴趣，响应能力也越来越差，在大人眼中就变得越来越懒……可见，孩子的勤劳（甚至责任）就是这样被大人一步步扼杀掉的。

2. 避免和弱化懒惰不爱动的对策

　　家长应对孩子适度放手，帮助他们培养广泛的兴趣，引导孩子热爱劳动、热爱运动。

　　避免和弱化懒惰不爱动的对策具体如下：

　　做好均衡营养，确保孩子的体质健康；

　　0岁起铺垫良好的安全感与自信，让孩子敢于动、勇于动；

　　适度放手让孩子自主，鼓励他们动；

　　保持孩子强烈的好奇心，为其培养广泛的兴趣，让孩子喜欢动；

　　早期可以与孩子一起动，后期逐步放手孩子自主完成；

　　放手并强化孩子的各种能力，尤其强化动的能力；

　　放手让孩子自主自立，参与简单家务，养成自理的好习惯；

　　放手让孩子在自主中追求良好的归属感；

　　对孩子做得好的予以关注与肯定，必要时予以表扬，对重大突破与坚持可以给予奖励；

　　对孩子做得不足之处要进行引导，尽量少批评或不批评，杜绝打骂。

3. 应对孩子过于懒惰的对策

应对孩子过于懒惰的情形，我们可以使用如下对策：

不情绪化，不批评或少批评，不打骂，避免孩子因此而逃避现实；

对孩子的懒惰行为采取"共情"调侃，引导孩子自行终止懒惰的行为；

放手并鼓励 1~3 岁的孩子自己动手，并形成习惯；

早期的一些鼓励动的活动尽量安排得简单、好玩、轻松，在产生兴趣与做好自主性铺垫后逐步提升难度；

经常与孩子一起运动、一起劳动、一起勤快；

做好健康、营养方面的基础保障；

精心准备孩子喜欢的绘本故事，在无意中强化勤劳的美德，将懒惰视为羞耻；

父母家人要做好勤劳的表率；

在孩子出现懒惰的苗头之际，采用"婉趣"坚持的对策纠偏；

让孩子多与勤快的同伴交往，接受积极正向的影响；

对于孩子的勤劳予以关注与肯定，必要时给予适度的表扬和奖励；

特别做好化解懒惰的"首三次"引导。

七、避免畏难情绪的滋生

接受挑战与上进是孩子的天性。缺乏自信和自主能力的孩子很难应对困难与挑战，进而产生畏惧情绪，对成长产生巨大的负面影响。

1. 滋生畏难情绪的原因

孩子天生喜欢挑战并勇于接受挑战。然而，为数不少的孩子在 3~6 岁开始表现出为难情绪，不求上进。形成原因比较复杂，大致包括这样几点：缺乏足够的安全感和自信；父母自身不上进的负面影响；放手不足，孩子难以表达上进的意愿；经常否定孩子，甚至打骂孩子；漠视孩子的上进行为。

很明显，孩子的畏难情绪并不是天性懒散所致，而是大人对孩子的成长铺垫、熏陶、放手、关注等方面不足所致。父母不从自身去找问题，而是对孩子一再"追责"，进一步伤害了他们的自信，亲手把孩子推上了充满为难情绪的不归路。

2. 避免畏难情绪的对策

规避畏难情绪的对策具体如下：

0岁起为孩子铺垫良好的安全感与自信，让他们敢于上进；

父母要起到良好的示范作用；

适度放手，鼓励孩子自主，树立并培养良好的自主意识与自主能力；

培养孩子的兴趣特长，鼓励强化他们的自信和上进心；

放手让孩子追求良好的归属感；

帮助孩子直面挑战；

对孩子做得好的予以关注与肯定，必要时予以表扬，对重大突破与坚持可以给予奖励；

对孩子做得不足之处要进行引导，尽量少批评或不批评，杜绝打骂。

3岁前养成良好的上进素养，3岁后在此基础上强化提升。

3. 应对孩子出现畏难情绪的对策

应对孩子出现畏难情绪时，我们可以使用如下对策：

不情绪化，不批评或少批评，不打骂，避免孩子因此而更加畏难退缩；

对孩子的畏难行为采取"共情"调侃，引导他们自行终止该行为，鼓励孩子接受挑战；

对孩子强调日常生活中的"赢"的体验，强化成功的快感，进而增强他们的自信；

在体验赢的基础上，也适当让孩子体验输的感觉，做到输赢都可以坦然面对；

用关爱与陪伴等强化孩子的安全感与自信；

最好让孩子多与父亲一起进行各种挑战；

精心准备孩子喜欢的绘本故事，在无意中强化不畏困难的美德，将畏难视为羞耻；

在孩子出现畏难情绪时，采用"婉趣"坚持的方法进行疏导；

鼓励孩子与积极上进的同伴为伍，接受积极正面的影响；

对于孩子的不畏困难和上进心予以关注、肯定，必要时给予适度的表扬和奖励；

特别做好化解为难情绪的"首三次"引导。

八、避免"输不起"的心态

生活中，很多孩子在遭受挫折、批评、困难或没有达到自己期望时，很容易感到气馁，心理上难以接受。

"输不起"是孩子抗打击能力差的表现，更是内心不够强大的投射。

现实中，孩子因"输不起"而受挫、气馁、放弃乃至轻生的现象屡见不鲜，且有愈演愈烈的趋势。

1. 形成"输不起"心态的成因

"输不起"，表面看是孩子抗打击能力差，实质上是其内心不够强大、缺乏自信的后果。生活中存在各种各样的竞争，输赢也乃常事，本是一件再正常不过的事情，却偏偏有越来越多的孩子"输不起"，可见是教养出了问题，源头还要从家庭找。

为数不少的父母确实很重视对孩子自信的培养，甚至为了维护这种自信，避免孩子遇到任何挫折与伤害，过度的保护反而使他们的心灵变得越发脆弱，不堪一击，久而久之就形成了"输不起"的心态。

2. 避免"输不起"心态的对策

首先，家长要帮助孩子强大内心，从出生起就要为他们铺垫良好的安全感与自信。

其次，"输不起"的心态主要是在培养自信的过程中过度保护所致，所以必须放手让孩子适当体验一些小挫折、小伤害、小打击，在树立自信的同时塑造他们的抗打击能力。如做错事承担后果，包括适度的批评；在参与具有竞技性的活动时有认输的勇气，敢于正面接受挑战并面对失败。家长也可以人为制造一些挫折，比如在下棋的过程中，可以适当地让孩子赢，最好是先输后赢，让孩子感到只要能坚持下来就可以看见曙光。这样既让孩子能经历挫折，也保全了面子。

当然，避免"输不起"的心态并不是要孩子对输赢无所谓，而是要让他们构建足够的自信与强大的内心，有勇气和实力直面困难与挑战。

3. 应对孩子"输不起"的对策

不够自信是"输不起"的根源。

避免和弱化孩子"输不起"的对策具体如下：

不情绪化，不批评或少批评，不打骂，避免孩子因此而更畏缩；

对孩子的输不起行为采取"共情"调侃，引导孩子坦然面对成功与失败；

在日常生活和游戏中多给孩子一些有关输赢的体验；

父亲应多带孩子一起完成挑战；

在铺垫良好自信的基础上适当体验失败；

用相关故事或绘本阅读引导孩子坦然面对成功与失败；

父母家人要做好坦然面对成败输赢的表率；

在孩子出现"输不起"的心态时，应采用同理感受对孩子进行引导，助其走出失败的阴影；

鼓励孩子经常与伙伴们一起进行竞技类活动，体验成败输赢的感受，并做到坦然处之；

对于孩子的良好表现予以关注与肯定，必要时给予适度的表扬和奖励；

特别做好化解"输不起"心态的"首三次"引导。

九、避免撒谎

对于小学阶段之后的孩子，撒谎是不好的行为，需要干预抵制。

事实上，撒谎是孩子正常成长的一部分，说明他们的自我意识出现了萌芽，心智思维在发展。他们不再是不假思索地实话实说，而是学会了先想一想再说，应被视为一个进步。趋利避害实乃人之本性，随着心智的发展，孩子也会选择用谎言自我保护。作为家长，需要做的就是区分孩子是"正常"说谎还是"不正常"的说谎。如果孩子是为了维护大局而说的善意谎言，并不违反原则和道德底线，家长应该予以理解。至于那些单纯为了"甩锅"推卸责任而说的谎言，家长则应该严厉予以禁止，并要求孩子进行深刻的反省。

总之，最终的诉求是让孩子学会诚实和勇敢，引导他们正面成长中的各种难题。

1. 婴幼儿阶段撒谎的成因

婴幼儿撒谎行为的养成过程大致如下：

孩子对父母家长的模仿（2岁左右）→孩子因觉得好玩自创撒谎（3~4

岁）→父母家长将孩子撒谎视为聪颖的表现，进行强化（3~4岁）→孩子因未完成任务而撒谎（家长的过高要求，导致孩子以谎言应对，5~6岁）→孩子为逃避惩罚而选择撒谎（5~6岁）→孩子为了达成某些目标而故意撒谎（6岁之后）。

婴幼儿撒谎一般并无恶意，若父母从早期就告诉孩子这样做不对，孩子通常也会慢慢避免，或只是偶尔作为恶作剧信口诌个谎，而不敢堂而皇之地撒谎。但如果大人对孩子早期的撒谎苗头没有重视，还以为是智慧的表现，则会让孩子感到这是一种值得炫耀的本事，并逐步升级强化。

此外，有的孩子在无法获取正常关注与认可的情况下，会为了吸引外界的关注而故意撒谎，久而久之习惯成自然。

2. 避免撒谎行为

避免撒谎行为的对策具体如下：

父母家长应从孩子0岁或半岁起做好诚实不撒谎的表率；

发现孩子有说谎的苗头，通过讲述故事、阅读绘本、观看影视故事或阐述道理等方式告知孩子这样做不妥当，特别做好撒谎的"首三次"引导；

对孩子恶作剧式的撒谎不响应、不参与，只告知他以撒谎方式取乐不妥；

让孩子尽量少接触爱撒谎的朋友，或告知朋友撒谎的害处，帮助他们改进，更不能参与撒谎行为；

不给孩子过高的要求与压力，避免孩子为了完成任务而撒谎；

对于孩子的撒谎行为，要在分析的基础上进行引导，助其改进，必要时适当批评，但杜绝高压打骂造成的逆反；

对孩子的努力行为予以必要的关注与认可，避免孩子采用撒谎等不良行为博取关注。

3. 面对孩子撒谎的对策

应对孩子撒谎的情形，我们可以使用如下对策：

不情绪化，不批评或少批评，不打骂，避免孩子因惧怕而继续撒谎；

心平气和地蹲下来询问孩子撒谎的原因；

对孩子的撒谎行为采取"共情"调侃，让孩子对自己的行为感到难为情，引导孩子自觉改进；

精心准备孩子喜欢的绘本故事，在无意中强化诚实的美德，将撒谎视为羞耻；

父母家人做好诚实的表率；

鼓励孩子与诚实的伙伴为伍，避免不良的群体效应；

对于孩子不撒谎的良好变现予以关注、认可与表扬；

特别做好化解撒谎的"首三次"引导。

十、避免捣蛋不守规矩的习气

1. 捣蛋不守规矩的成因

捣蛋不守规矩是熊孩子的核心表现。

其实，孩子最初就是一张白纸，捣蛋不守规矩同样是家长没有做好引导、表率所致。

捣蛋不守规矩的成因包括：没有及时放手锻炼孩子的自主能力，缺乏良好的规则铺垫与引导，没有明确告知孩子哪些可以做、哪些不可以做，纵容孩子为所欲为。

不放手让孩子自主，孩子便无法从实际行为中感知、体验怎么做是对的、怎么做是错的，无法对规矩建立感性认知。当发现孩子有捣蛋行为，一味地指责甚至打骂，只会让孩子感到惶恐难耐，没有任何教化作用。

此外，孩子用心努力做好某件事，却没有得到大人的及时关注，就可能采取捣蛋甚至破坏行为来吸引大人的关注，久而久之便养成了不良的习气。

2. 避免捣蛋不守规矩的对策

避免捣蛋不守规矩的对策具体如下：

父母自身要做好遵规守则的榜样；

通过讲读故事、阅读绘本、观看影视动漫铺垫良好的成长规则；

做好遵规守则的"首三次"引导；

放手让孩子在自主行为中学习规则、领悟规则、遵守规则；

多带孩子参与社交活动，引导他们从中学习体验更多社会规则；

避免孩子结交不良朋友，注意朋友圈内遵规守则的氛围；

对孩子做得好的予以关注与肯定，必要时给予表扬；

对做得不好的予以鼓励和帮助，少批评，少否定，杜绝打骂。

3. 应对孩子捣蛋不守规矩的对策

应对孩子捣蛋不守规矩的情形，我们可以使用如下对策：

不情绪化，不批评或少批评，不打骂，避免孩子因此而变本加厉，更加不守规矩；

分析反思孩子捣蛋不守规矩的原因；

对孩子的捣蛋不守规矩行为采取"共情"调侃，让孩子对自己的行为感到难为情，引导孩子自觉改进；

与孩子一起探讨捣蛋不守规矩的后果，以及可能要受到的惩罚；

与孩子探讨捣蛋以外更能吸引父母与他人关注的方式；

暗示孩子如果继续捣蛋不守规矩很可能会让自己距离梦想越来越远；

精心准备孩子喜欢的绘本故事，在无意中强化遵规守则的美德，将调皮捣蛋视为羞耻；

父母家人做好遵规守则的表率；

在孩子出现不守规矩的行为时，尽量采用"婉趣"坚持的方式进行引导；

可以对孩子的捣蛋行径采取冷处理的方式，不发火、不理睬，淡然处之，让孩子自觉无趣而自然终止；

在孩子出现捣蛋行为且无法接受引导时，可强制终止，但不因此而情绪化，更不采用暴力手段惩罚孩子；

鼓励孩子与遵规守矩的孩子为伍，接受朋友圈的正面影响；

对于孩子的良好改进予以关注、认可与表扬；

特别做好循规蹈矩"首三次"的纠偏引导。

十一、避免磨蹭不守时的毛病

1. 磨蹭不守时的成因

就天性来说，所有孩子都是有积极性的。那为什么磨蹭不守时还成为很多孩子的通病？不妨从家长身上来找根源。

试想，如果父母家长对孩子的响应总是拖延，而孩子稍微慢点就不停地催促、反复啰唆，孩子很可能会出于逆反情绪，或是想引起更多关注，而变得越催越慢。他们会在内心形成一种暗示，觉得大人越着急越是在意他们。

此外，如果父母家长平时就有不守时的毛病，也会给孩子留下负面的影响，会让他们没有时间观念，即便迟到也不是什么大不了的事情。不守时其实也是规则意识不强的一个侧面表现。

2. 避免磨蹭不守时的对策

克服磨蹭不守时的毛病最重要的就是建立明确的时间观念，对策具体如下：

父母家人务必做好守时不磨蹭的表率；

做好守时不磨蹭的"首三次"引导；

放手让孩子在自主行为中体验何谓守时；

让孩子承担因磨蹭不守时带来的后果；

放手让孩子在日常活动中追求良好的归属感，培养守时不磨蹭的习惯；

多带孩子参与社交活动，强化他们的时间观念；

尽量让孩子少接触磨蹭不守时的同伴，避免朋友圈的负面效应；

必要时给孩子准备诸如手表这样的计时设备，令其自我把控时间；

对孩子做得好的予以关注与肯定，必要时给予表扬；

对做得不足的予以鼓励与帮助，少批评，少否定，杜绝打骂；

守时不磨蹭的习惯在3岁前初步养成，之后在此基础上得以强化和提升。

培养守时不磨蹭习惯的同时，要帮孩子建立明确的时间观念，引导孩子合理利用时间，学会统筹安排，善用零星时间提高效率。

3. 应对孩子磨蹭不守时的对策

应对孩子磨蹭不守时的情形，我们可以使用如下对策：

不情绪化，不批评或少批评，不打骂，避免孩子因逆反而继续磨蹭拖延；

对孩子的磨蹭不守时行为采取"共情"调侃，引导孩子进行自我修正；

避免不停催促、责怪孩子，否则孩子很容易因逆反或麻木无感而越催越慢；

采取"婉趣"坚持的方式帮助孩子提高效率；

帮助孩子掌握方法要点，提高做事效率；

适度提醒，让孩子承担因磨蹭不守时而导致的后果（如迟到被老师批评）；

可以和孩子展开快速高效做某件事的竞赛（如收拾各自的房间，看谁更快）；

精心准备孩子喜欢的绘本故事，在无意中强化守时的美德，将拖延视为羞耻；

与守时高效的朋友为伍，接受良性熏陶；

对于孩子的良好改进予以关注、认可与表扬，必要时给予适度的奖励；

做好守时不磨蹭的"首三次"引导。

十二、避免小胖墩的形成

小胖墩是指过于肥胖的孩子。过于肥胖不仅影响孩子的外形，对其运动能力的发展和健康状况都会带来不利影响。

1. 小胖墩形成的原因

小胖墩的成因主要在于吃得过量，以及不良的饮食习惯，如重油腻、爱吃零食、偏食、营养不均衡等，还有缺少足够的运动量和锻炼。

2. 不做小胖墩

不做小胖墩从良好的饮食习惯开始，具体如下：

尽量母乳喂养，早期就要做好营养均衡；

0岁起建立清淡口味的饮食习惯；

培养孩子的自律自制力；

养成多喝水、多吃水果的习惯；

不挑食、不偏食；

尽量建立全家少油、少盐、口味清淡的饮食习惯；

孩子二三岁前杜绝零食，养成少零食习惯；

养成八分饱的习惯，晚餐少吃；

培养良好的运动习惯；

3 岁前初步养成良好的餐饮习惯。

十三、避免无情无义

1. 无情无义的形成原因

孩子无情无义（俗称的"白眼狼"）是孩子逐渐长大后对父母和对关爱他的人忘恩负义、过河拆桥甚至恩将仇报的没人性现象，是让很多父母、特别是祖辈最寒心、最不愿看到的成长表现，是不当教养、不良成长对社会传统道德的巨大伤害。

生活中孩子无情无义现象屡见不鲜，特别是对于家境相对较好、父母（特别是祖辈）尤其宠爱溺爱的家庭孩子无情无义现象更加频发多见。

影视剧与生活中经常可以看到很多被孩子无情无义伤害的父母的哭诉："我的命怎么这么苦，养了这么个无情无义的孩子！"其实，孩子的无情无义是父母一手造成的。孩子是可怜的，不仅挨骂，而且无处申冤，甚至连自己都可能要鄙视自己。

孩子无情无义形成的原因主要源于父母家长过度的溺爱、代劳、大包大揽。很多父母家长意识不到自己的代劳和宠溺是在伤害孩子，如孩子表现出喜欢做家务时，怕其做不好、累着或耽误学习时间，而不让孩子做，而等孩子稍微长大后发现其"偷懒不勤快"时，又开始怨声载道。逐步长大后（中小学阶段），孩子已对家务等不再感兴趣也觉得不是自己的事不屑于参与不屑于承担；孩子在后期阶段（大学成人阶段）保持他的习惯不参与不屑于，更不会有回报父母家长的想法，也逐步缺少相应的能力，甚至对父母家长他人的指责不以为然；于是，无情无义的孩子完美养成，觉得父母到老都应该养他（或者除了按部就班地上班之外就应该责无旁贷地养他）！

很明显的，孩子无情无义的造成，责任在于父母家长，不仅是父母家长的罪有应得与报应，他更应该为孩子的一辈子伤害与恶果承担责任！

2. 孩子无情无义的成长规避

从吮手起放手孩子，从兴趣期起给孩子充分放手，二三岁起让孩子从兴趣期起高兴地参与家务培养爱心责任心素养，做到不溺爱更要做到不包办，让孩子很有兴趣很开心地帮助父母分担父母事务，从兴趣敏感期起放手孩子的责任——放手家务是最好的责任爱心培养，是最好的孩子无情无义预防！

很多家长担心二三岁孩子做不到、舍不得让孩子做，导致孩子 4~6 岁起逐步不想做不想承担，是导致后续懒散没有责任心的重要原因，孩子会逐步地懒散并逐步地认为父母就应该吃苦为自己，而自己生来就该清闲可以为所欲为，为未来的孩子无情无义心态开始不当心态累积。

而如果这种心态从婴幼儿阶段开始初步养成，到小学中学阶段可能就会逐步地理所当然，到了大学阶段成人阶段愈演愈烈开始顽固表现的时候，想要扭转难度就会很大，家长再痛心疾首也很难彻底扭转，甚至导致一系列严重问题得出现。

故孩子无情无义现象重点在于预防，婴幼儿阶段的初始养成避免犹为重要。

孩子无情无义规避的其他措施包括：

0 岁起良好的爱与呵护，做好亲子关系铺垫；

从吮手、自己穿衣吃饭等事务开始，放手孩子去做，培养孩子动手能力；

力所能及的事务尽量自己完成，或父母帮助完成；

与父母的平等尊重，不父母高高在上，也不孩子高高在上；

做好亲情铺垫，在帮助孩子的同时（如挠痒痒、找衣服等），引导并放手孩子学会为父母家长帮忙；

从 3 岁起适当分摊力所能及的家庭事务，包括收碗筷、扫地家务等，在兴趣的延续中培养孩子责任与勤劳吃苦；

铺垫孩子自己事务与家庭事务的归属感追求，强化责任感；

在故事讲述与阅读中铺垫孩子对父母的帮助与责任，铺垫传统的爱与孝道；

日常中做好敬老爱老的表率，塑造良好的敬老爱老家庭传统；

对孩子做得好的予以关注与肯定，必要时予以表扬，对重大突破与坚持甚至予以奖励；

对孩子做得不好的予以鼓励，少批评少否定，杜绝打骂；

在此基础上养成喜欢活动、喜欢运动、喜欢劳动、不懒惰的习惯；

在3岁前养成良好责任担当与互助的初步养成，3岁后在此基础上强化提升。

3. 面对孩子无情无义发展苗头的对策

孩子无情无义苗头的表现主要包括坚持无礼地命令父母、命令长辈，骂父母、骂长辈，不体恤父母等现象。

造成孩子无情无义发展苗头的原因主要在于孩子过于依赖、不懂尊重与礼貌的基本边界、没有铺垫良好成长规则、没有铺垫基本责任、父母他人不良熏陶影响等原因导致。

父母家长面对孩子的无情无义现象时，相关对策要点如下：

少批评，可处罚，但不打骂，严肃但不情绪化，避免孩子因逆反而更加无情无义；

对孩子无情无义现象叫停或置之不理；

分析孩子如此表现的原因与诱因；

精心准备责任与敬老爱老相关的故事与绘本阅读；

设置并引导亲情提升的生活与游戏玩乐场景，如父子拥抱、帮父母捶背、关心父母等；

对孩子的无情无义行为进行"共情"调侃，如调侃小松鼠对妈妈的态度，引导孩子自我反思改进；

与阳光责任型孩子为伍；

在游戏玩乐或日常事务中设置强化孩子爱心、责任心的生活与玩乐游戏；

对于孩子的良好改进予以关注、认可与表扬；

特别做好最近几次（特别是近三次）爱心责任心的强化；

在之后的 3 个月时间里，注重引导孩子的爱心与责任的引导。

Chapter 6

第七章

父母责任与家园共育

孩子的成长由父母引导，父母的教育理念与言行举止影响并决定着孩子的成长。

没有爱与责任的父母不可能养育出优秀的孩子，更不可能引导孩子良好地自我成长。

0~6 岁的孩子有一半时间在家，另一半时间在幼儿园，因此有必要做好家园共育，为培养卓越孩子提供保障。

不少年轻父母崇尚个性的自由，视育儿为负担。殊不知，为人父母就有不可推卸的责任，眼中只有工作赚钱或将孩子一味丢给老人都是极度的不负责任，难承"父母"之名。

缺乏强烈的责任感就难有有效的方法与对策，孩子就难以获得卓越的成长。

一、父母应具有的理念与责任

把孩子带到这个世界，父母就有了天然的责任，除了必须把孩子抚养大，还要尽量把孩子教育好。

除了必须具有的责任，父母本身还应该具有良好的素养，必须打造良好的夫妻关系，营造良好的家庭氛围，尽量统一教育理念，做到与孩子共同成长。

1. 孩子的良好成长在于父母，不良成长同样源自父母

一个人能否良好地成长根源在于什么，环境、父母、还是孩子本人？

大多数情况下，我们把孩子的良好成长归功于父母，不是常能听到那句话吗——这是爸妈精心培养的结果；而对于淘气没出息的孩子，对应的说法是——我命苦，生了这样一个不争气的东西！似乎孩子培养得好全是父母的功劳，培养不好就是孩子本质不好或是命中注定。孩子的成长出了问题必定是综合因素导致，家长不进行自省和反思，只片面归咎于孩子，显然是不公正且逃避责任的。

除去遗传的因素，绝大多数孩子的资质差别不大，成长发展的好与坏取决于父母自0岁起对安全感与自信的铺垫、良好熏陶引导下对各种素养习惯的培养、是否建立了良好的成长规则，以及是否为孩子蓄积了良好的成长动力。

生活中不乏这样的现象：孩子因一声巨响而被惊吓，进而导致安全感遭到破坏，影响后期自信的建立；家长缺乏足够的放手而严重影响孩子的建立自主意识；父母本身缺良好的素养习惯，为能给孩子起到表率作用……生活中亦能经常听到这样的说法：我的孩子很聪明，就是静不下来；我的孩子既聪明又能干，就是有些懒惰而已；我的孩子聪明是聪明，就是有些骄傲……以上这些现象和说法值得家长们深思。

在陪伴孩子成长的过程中，家长需要学会放手，给孩子提供必要的帮助，给他们更多自我努力的机会。父母只有做到适度放手，孩子才能获得自主成长。

毫无疑问，孩子是否能良好地成长根源在于父母！孩子成长问题的纠偏与强化首要的是完成父母做法上的纠偏与强化。

2. 成长教育双要素：成长铺垫与伤害规避

父母帮助孩子自我成长的方法手段众多，总体可以归结为两个方面：成长铺垫与伤害规避。

先说成长铺垫。整个婴幼儿阶段是最好的成长铺垫期（特别是0~3岁的早期成长铺垫），铺垫具体包括：做好0岁的成长铺垫（尤其做好安全感与自信铺垫），做好素养习惯熏陶铺垫，做好成长规则铺垫，做好兴趣爱好、理想梦想等成长动力铺垫，做好放手让孩子自主的铺垫等。

再说规避伤害。需要规避的主要有不放手伤害、打骂伤害、溺爱伤害、高压伤害、情绪化育儿伤害、漠视伤害、孩子中心化伤害、代劳伤害等。

最后说成长帮助。主要指孩子在成长过程中需要得到来自家庭的帮助，包括基本的生活保障、求学保障等。

现实生活中，很多父母为孩子做好了一切，甚至做出了很大的牺牲，却总在无意间伤害着孩子，如溺爱、代劳，甚至把这些伤害作为爱的表达。殊不知，一次成长伤害很可能抹杀上百次的爱与呵护，日积月累成为伤害孩子的利刃。

3. 合格父母应承担的责任

父母不能以"我天生脾气不好没有耐心"或"我能力不足无法教育孩子"等为借口，逃避对孩子的教养。此外，父母以外的其他家庭成员也应尽量承担相关的教养责任与义务，尽量用良好的心态与方法引导帮助孩子。

父母应承担的责任如下：

无条件地爱孩子，把孩子抚养长大；

为了孩子无私付出，做出或多或少的牺牲；

尽可能把孩子教育好：包括提供良好的熏陶引导、足够的陪伴，和蔼可亲地对待孩子，不宠溺，不打骂，尽可能提升教育方法，尽量统一教育理念，与孩子共同成长等；

打造和谐的夫妻关系，营造良好的家庭氛围等。

4. 合格父母必须具有的素质

为了给孩子提供良好的表率作用，父母自身应具有良好的素养，以确保能够正确地教育引导孩子。

父母必须具有的素质如下：

勤劳，为了孩子而操劳；

广阔胸怀，宽容孩子的错误，帮助孩子改进；

以健康的心态对待孩子；

细心与耐心兼备，助力孩子的成长；

不断总结良好的自我成长教育方法，包括做好 0 岁成长铺垫、做好熏陶引导、放手让孩子自主、做好成长规则铺垫、做好成长动力铺垫；

理解孩子，包容孩子，帮助孩子；

与时俱进，与孩子共同成长。

5. 良好的夫妻关系与家庭氛围

夫妻关系是良好家庭氛围的决定性因素，对当下的中国家庭尤其如此。

不佳的夫妻关系易导致家庭关系紧张，父母间不当的交流方式易成为不良的表率，会给孩子带来负面影响，更易让孩子感到精神压抑，对良好性格和社交能力的形成都有不良影响。

维系夫妻关系的和谐也是孩子健康成长的需要，是为人父母者必须承担的责任与义务。

打造良好夫妻关系与家庭氛围的要点如下：

夫妻之间要具有一定的感情基础，互敬互爱，杜绝男权霸道、女权至上；

夫妻要相互理解，能给予对方最大的体量和慰藉；

婚姻是两个家庭的事情，除了夫妻间的感情要维系好，还要经营好彼此背后两个家庭的关系，尤其注重构建良好的婆媳关系；

夫妻俩做好情感的保鲜；

可以以家庭会议作为调节家庭矛盾的机制；

约定家庭事务的分工协作；

夫妻要统一对孩子的教育理念，尽量避免在该问题上出现分歧和争执；

夫妻要帮助对方塑造在孩子心目中的美好形象，让孩子对父母的爱尽量平衡，不应为获得孩子更多的爱和依赖在孩子面前贬损对方；

夫妻俩既要爱孩子，也要爱对方，并且随着孩子长大要逐渐更爱对方。

6. 父母育儿理念的统一

家庭教育必须拥有统一的理念，若家庭成员在教养问题上出现分歧，孩子会感到无所适从，缺乏方向感，给其成长带来的困扰是巨大的，甚至有可能导致多重性格形成。

维系良好的夫妻关系、家庭成员关系，保持家庭成员之间的良性沟通，举行定期的家庭会议等，都是统一理念的有效手段。

在育儿方面极有必要设一名教育第一责任人（亦可视为第一权威人），当家庭成员间教育理念存在差异时，应由第一责任人拍板定夺。教育第一责任人要尽量多了解孩子、多听取其他家庭成员的意见，以便做出最利于孩子成长的优选方案。

定期举行家庭会议是明晰统一教育理念的有效方式。针对重大方案，家庭成员可以事先做好沟通，便于会上达成理念统一和优化。

形成教育理念时也要充分考虑孩子的意见，尊重他们的喜好和意愿，以便达到最好的实施效果。

7. 父母与孩子共同成长

教育是一个极其复杂而漫长的过程，孩子各个阶段的成长差别巨大，采取的方法与措施也存在差异。孩子越大所面临的教育问题也越复杂，教育方法与手段必须进行对应的调整与提升，这就要求父母要与孩子共同成长，与时俱进。

8. 父母教育先行

为避免不良成长对孩子造成的负面影响，父母有必要进行事先规避，要比孩子更早一步成长。换言之，父母教育必须先行！

孩子降生于世，所有素养、习惯与规则均来自父母的熏陶引导。由于成长是一个极其复杂的过程，如果新手父母未能对孩子的成长进行预判和规划，将很可能造安全感与自信的铺垫出现缺失，继而导致良好素养、习惯无法建立，随着不断长大，孩子陆续出现各类成长问题。而事后的纠偏是很费心神的，往往也起不到很好的补救效果，有些失误甚至是无法弥补的，使原本完全有可能优秀的孩子变得平庸，乃至成为问题少年。

为尽可能避免这种不可挽回的失误，父母教育的构建须早于孩子的出生和成长。

自我成长教育主张父母教育先行，这是孩子健康成长、优性成长的重要保证。

Chapter 7

二、父母的自我成长教育手段

父母对孩子的自我成长教育手段包括爱与陪伴、熏陶、引导、帮助、关注、认可、鼓励、赏识、表扬、批评、惩罚等，具体操作要点如下：

1. 爱与陪伴

爱与陪伴是亲情铺垫、维系与强化的基本措施，是安全感与自信铺垫、纠偏、强化的重要手段。

爱的表现形式包括拥抱、抚摸、吻脸颊和额头、牵手、挽手等亲密的小动作等。

陪伴的表现形式包括一起聊天、吃饭、散步、游戏、回家、做作业，以及一切孩子希望家长相伴开展的活动等。陪伴是爱的流露，关键在于有效陪伴，即与孩子互动交流，享受拥有彼此的时光。此外，有效陪伴还包括父母因客观原因无法相伴孩子左右时，做出的预约陪伴，即约定之后的某个时间兑现陪伴。如有必要，可以将这种陪伴强化得较有仪式感，如给相处的时间贴上"父子亲情时光"的标签等。

孩子对爱的感知是感性的，父母应尽可能地让孩子感受到具体的爱。如父亲异地工作可告知每天辛苦工作是为了赚钱给孩子买好吃的、好玩的，告知爸爸在外地也很想念宝贝，让孩子感受到远在异地的爱。此外，尽量做到父爱母爱的均衡，"多爱"的一方更多提示或给机会让孩子感受另一方的爱（如孩子用品更多以对方名义赠送），均衡的爱更利于良好亲子关系与良好安全感自信的培养。

当然，万事过度都不好，陪伴亦然。与溺爱相仿，过度的陪伴会让孩子走向没有节制的依赖，或让孩子在独处时感觉烦躁、恐惧等不良情绪，不利于成长。

陪伴不是单纯地留在孩子身边，有效陪伴是要深度介入孩子的生活，特别在他们需要的时候能够及时出现，并提供必要的帮助和安慰。

2. 熏陶引导

以身作则是父母最好的教育方式。孩子通过来自父母的引导进行模仿学习，获得与家长高度相似的素养习惯、成长规则和成长动力，难怪有育儿书籍说孩子是父母的复印件。可见父母的熏陶和引导对孩子成长的重要性不可小觑。

关于父母对孩子的熏陶引导习得良好素养、习惯养成的内容已在之前的章做过详细的论述，此处不再赘言。

3. 放手

面对孩子不同的成长阶段，家长的放手程度亦有不同，如 1 月龄起要放手让孩子尽情吮手；1~2 岁阶段放手让他们尝试爬行和独立行走；半岁起放手让孩子做一些力所能及的事情；随着孩子年龄的增长，放手让孩子自主选择爱好，并发展为特长等。

孩子 0~6 岁阶段，父母应在如下方面做到放手：

吮奶：出生后，让孩子自主吮吸奶水。吮奶是孩子自主意识与自主能力的最早表现。

吮手：在确保为生的前提下，2 月龄—2 岁期间应放手让孩子自主吮手（甚至吃脚）。吮手是孩子对自主能力的最早锻炼。

饮食：3 月龄起，孩子开始喜欢把东西塞进嘴里，半岁左右有自主吃饭的欲望。父母家长应在确保吞咽安全的前提下鼓励孩子自己吃，不要因担心孩子弄脏衣服而代劳，以免孩子错失动手能力与大脑发展的良机。

事务自理：从 1 岁起，孩子开始有意识自己做一些事情，如穿脱衣裤鞋袜、整理自己的物品等。对此，家长应积极鼓励，并放手让他们"大显身手"，抓住一切时机锻炼孩子们的动手和自理能力。

从事家务：1~2 岁阶段的孩子处于兴趣敏感期，热衷于模仿家长，这时完全可以鼓励他们参与力所能及的家务，借机打造其良好的动手能力与勤劳吃苦、责任担当、恒心毅力、专心专注等良好素养。

爬行：孩子在 8 月龄左右开始爬行，1 岁左右开始站立行走，二三岁时开始跑跳，父母应在保证安全的前提下放手让孩子积极投入这些活动，以便塑造孩子的大动作能力与肌肉发展，并促进大脑的良好发育。

说唱：从孩子出生后，父母就可以和他们建立充满爱与呵护的咿咿呀呀的交流，3月龄起与孩子展开微笑"对话"，1岁开始引导孩子发音，2岁左右可以尝试说一些简单的句子，3岁左右开始锻炼孩子的表达能力，4岁左右可以尝试唱歌。引导孩子的说和唱是提升语言能力、肺活量以及自信发展的重要手段。

自己做主：孩子出生后的第一口吮奶、第一次吮手、第一次爬行等，每个都是一个需要放手的过程。家长在对应时段做对应的放手，是培养孩子素养习惯、铺垫成长规则、蓄积成长动力的重要前提。

4. 关注、认可与鼓励、奖惩

关注、认可与鼓励、奖惩是父母对孩子态度的具体反应，良好的态度与明确的奖惩是孩子成长的巨大外在动力。

成长动力是孩子良好成长的重要保证。

父母保持良好态度的相关要点如下：

关注：对孩子的努力予以关注，向孩子明确传达"我在留意、我在期待、我在监督"的意思。缺乏关注会让孩子认为父母并不重视自己，易给他们带来伤害，或从侧面默认了他们可以为所欲为。但对孩子的关注也要适度，过度关注容易造成孩子中心化和无形的压力，并不利于成长。

表扬与奖励：对孩子的表扬尽量具体化，就事论事，笼统的表扬难以达到表扬的最佳效果。奖励一定要事出有因，确实是孩子通过努力付出得来的，这样才能让他们体会到奖励的含金量。此外，对于孩子的努力，特别是他们只是做了力所能及的事情可以给予关注和认可，过多的表扬与奖励不利于对孩子归属感追求的塑造，容易让他们滋生虚荣心，为了获得表扬、奖励而努力，忽视了自我内在的追求。

鼓励：鼓励可以分为肢体上和语言上的，包括一个结实的拥抱、一个充满认可的轻吻或诸如"我们再来一次""我们一起努力"这样的励志言辞。给予孩子鼓励的同时也要提供必要的帮助，或和孩子一起分析原因，寻找解决问题的方法与对策，尽量遵循"共情"的原则。

批评：对孩子的批评要就事论事，不要扩大打击面，不反复，不咒骂，杜绝情绪化，尽量不公开，也要维护孩子的颜面。适度的批评会鞭策孩子更加努力，有所改进；不当的批评则很容易导致孩子自暴自弃，适得其反。

惩罚：对于孩子明知故犯且造成或可能导致严重后果的行为必须给予惩罚，但对于孩子造成的非原则性错误一般只进行批评，不予惩罚。对婴幼儿的惩罚方式包括令其反思、检讨、面壁、禁玩等，不采取可能造成心理阴影的棍棒教育，避免采用饥饿等影响健康生活的方式，也避免以家庭劳动作为惩罚，否则孩子今后很可能会抵触家务。

5. 伤害杜绝

成长伤害包括溺爱、大包大揽、孩子中心化与温室化培养，以及苛刻、高压、拔苗助长、专制育儿、情绪化育儿、"贴标签"伤害、打骂等。

溺爱、大包大揽、孩子中心化与温室化培养最直接的危害是剥夺了孩子的自主独立能力，使之变得脆弱无能。

苛刻、高压、拔苗助长会给孩子的安全感与自信带来巨大伤害，易破坏他们的专注、勇敢与责任心，可能使之对很多事物失去兴趣、厌烦，甚至滋生逆反。

专制育儿易对孩子安全感、自信造成极大伤害，也很难打造良好孩子的自我成长。

情绪化育儿不仅会对孩子的身心造成伤害，也会给家庭氛围带来不良影响。情绪化育儿看似没有打骂的杀伤力大，却会在无形中伴随孩子较长时间，乃至整个成长过程，因此带给孩子的伤害往往比打骂更为深远。

给孩子贴上不良标签不仅会对其自信、进取心等方面造成巨大伤害，更会影响孩子对归属感、价值感的定位。反之，良性标签可以避免孩子消沉，能有效调动孩子的成长积极性。

常见的语言伤害包括高声训斥、语带侮辱、谩骂、讥讽、挖苦、唠叨等，会让孩子有被抛弃、放弃的感觉，给其安全感、自信、自主、自尊、成长积极性等方面的打击是致命的。

打骂是孩子成长过程中最常见的伤害，对于最需要铺垫安全感和自信的婴幼儿来说，否定、批评与打骂伤害对他们造成的伤害是极大的，尤其0~3岁的孩子。

成长铺垫与伤害杜绝是良好自我成长的两个基本要素，做好伤害的杜绝是孩子成长进入优性循环的重要保证。

关于这部分内容已在前文做过详细论述，此处不再赘述。

6. 父母与孩子语言沟通的要点

良好的语言沟通对构建和谐的亲子关系大有裨益，但若沟通不当也会给彼此带来巨大伤害。鉴于此，针对父母与孩子的语言沟通进行重点阐述。

父母与孩子的语言交流要点包括态度亲和平等、幽默风趣、彼此尊重、交心（悄悄话），良好的语气与技巧是确保有效沟通的重要保证。

和孩子交流一定务必亲和，避免严厉呵斥和情绪化，切忌急躁和词不达意。

和孩子交流时要保持平等，彼此尊重，在不违反原则的前提下尽可能尊重孩子的意见，或与之协商探讨；不予采纳孩子的意见时要给出合理的解释，避免打击孩子的积极性与自主的热情。

与孩子说话尽量保持风趣幽默，这对孩子既是良好的熏陶，也有利于拉进与孩子的感情，令其增加信任感。

在态度亲和、幽默风趣的基础上，与孩子适当保持一些小秘密、知心话（悄悄话），有利于亲子沟通与亲情的强化。

啰唆会导致沟通变得低效，令人反感。惯性啰唆会让父母在孩子的心目中威信全无，不仅对孩子是一种精神上的折磨，还容易导致孩子受此影响而词不达意，说话抓不住重点。

冷嘲热讽对孩子无异于是一种语言暴力，父母家长必须避免。

在阻止孩子做某件事之前，要给予孩子善意的提醒，告知这样做可能存在的危害，引导孩子反思并自行放弃。切记，提醒的内容要明确，避免啰唆。

对孩子做得不足之处可以就事论事适当批评，但要避免情绪化，注意语言文明，以不伤害孩子的尊严为前提。批评的态度要认真严肃，之后不再反复唠叨。孩子的改进效果不好时只做提醒，或是改变方式进行督促，切忌因一件事而反复批评。

三、幼儿园阶段的家园共育

幼儿园是孩子迈入社会的第一站，是孩子各方面素养、习惯进一步得以塑造、提升的场所。

1. 园所选择

选对幼儿园会对孩子的良好成长大有助力，应尽量考虑以下几方面的因素：

园所理念：注重素质教育，注重孩子的成长细节，杜绝填鸭式的小学化教学；

师资素质：爱心园长和爱心教师是幼儿园的灵魂，师资应尽量稳定；

伙食保证：幼儿园必须提供营养卫生的伙食保障（包括正餐与辅餐）；

活动场所：幼儿园必须提供良好的户外活动场地；

园所特色：要配备具有实力的师资力量能够帮助孩子发展兴趣与特长；

其他：园所要确保卫生安全，所处位置方便接送。

2. 入园前的准备

入园前，家长应做好准备工作，尽可能让孩子喜欢幼儿园。

3岁左右是入园的最佳年龄，尽量不早于2岁。过早入园，孩子因缺乏自主自立的心理建设和应对能力，会产生较多心理压力，不利于自信的发展，甚至反过来挫伤自信；过晚入园不利于满足孩子的心理需求，会影响社交等综合能力的发展。

家长要避免因入园带来的对安全感与自信的伤害，尽可能为孩子构建好初步的自理自立能力。

提早几个月帮孩子做好入园前的准备，必要时可带孩子到幼儿园体验一下园所环境和园所生活。需要注意的是，考察幼儿园时尽量不带孩子，初步确定后再带孩子进行入园体验。体验的幼儿园最好就是即将就读的幼儿园，体验园的条件（特别是外观条件）尽量不要好于准备就读的，以避免孩子入园时产生失落。家长要尽可能把即将就读的幼儿园的亮点呈现给孩子，让孩子对幼儿园产生憧憬之情。

3. 自我成长对幼儿园教育的铺垫

教育部下发《3~6岁儿童学习与发展指南（2010—2020）》针对幼儿园阶段孩子的健康、语言、社会、科学、艺术五个方面（又称"五大领域"）提出了具体标准与成长要求。自我成长教育主张家长要在0岁起就为孩子做好素养、习惯的铺垫，引导其在3岁左右初步养成良好的素养、习惯，进入幼儿园之前初步培养出优秀的孩子，为幼儿园阶段的五大领域发展铺垫良好的基础。

与此相对应，幼儿园五大领域的强化对夯实自我成长教育的素养、习惯起着重要的促进作用。

自我成长教育与幼儿园教育同样把素养、习惯的引导铺垫摆在教育的首位。

❧　健康领域铺垫　❧

幼儿园健康领域教育是指对孩子身心健康的强化与提升，包括健康的身体、过硬的体质、愉悦的情绪、协调的动作、良好的生活习惯、基本生活能力等。

自我成长教育倡导 0 岁起为孩子铺垫各种良好素养、习惯，让孩子尽可能开心，从放手让孩子吮手起建立自主意识和自主能力，主张养成良好的运动习惯，力求体质健康。在孩子进入幼儿园开启健康领域的教育之前，自我成长教育已做好了相关素养、习惯的良好铺垫。

❧ 语言领域铺垫 ❧

幼儿园语言领域教育是指强化与提升说的能力，包括愿意说、能说、会说，喜欢听故事、讲故事等。

自我成长教育主张家长从 1—2 月龄起就和孩子保持咿咿呀呀的交流，随着年龄的增长引导孩子逐渐吐字清晰、能够表达、使用文明用语等，在语言敏感期注重思维的发展，在 3 岁前初步养成说的良好习惯与能力，为幼儿园及后续成长阶段的语言领域学习与发展铺垫扎实的基础。

❧ 社会领域铺垫 ❧

幼儿园社会领域教育是指孩子在人际交往与社会适应方面的学习，包括与人交往的基本礼仪、遵守社会规则等。

自我成长教育主张家长从 0 岁起就可以和孩子展开咿咿呀呀式的交流，引导建立良好的沟通习惯，为幼儿园社会领域的学习与发展打下基础。

❧ 科学领域铺垫 ❧

幼儿园科学领域教育主要是引导孩子进行简单的科学探究与数学认知，还包括培养孩子的好奇心、求知欲、动手动脑习惯以及思考能力。

自我成长教育主张家长从半岁起放手让孩子投入大自然的怀抱，培养孩子对大自然的喜爱之情和探索之欲；在兴趣敏感期起放手引导孩子的动手、观察、思维能力，铺垫良好的条理思维，为幼儿园科学领域的学习与发展铺垫良好基础。

❧ 艺术领域铺垫 ❧

幼儿园艺术领域教育主要是培养孩子对艺术的喜爱之情，并能够进行艺术展现。

自我成长教育主张父母带孩子尽量广泛地接触各种新事物（如美术、歌舞、乐器等），在有兴趣且条件合适的情况下让孩子接受较为专业的训练，以便及时挖掘孩子的艺术潜能，做好特长的铺垫，也是对孩子艺术素养的提升与强化。

4. 家园共育之要点

每日放学后，家长应与孩子进行沟通交流，询问其当天最开心的事情；发现孩子有心事时，可进行引导式询问，当孩子不太愿意坦露时，可采取交换秘密的方式沟通。

家长可以和老师保持沟通，及时了解孩子的进步、存在的问题以及心态的变化，从客观角度掌握孩子的动态。

对于园所每周（每日）提供的孩子情况反馈表进行认真阅读并填写，便于家园双方对孩子成长情况的全面把握，以及对策的统一与落实到位。

针对发现的有关孩子的问题与老师保持沟通，尽量统一对策，帮助孩子提升。

孩子对园所组织的集体活动一般会很上心，家长应积极鼓励孩子的参与热情，并提供必要的帮助和配合。

根据孩子在园表现的不足，对家庭教育方式进行调整、修正，帮助孩子尽快克服困难。

孩子在家庭表现出的问题也要及时告知幼儿园老师，便于老师在园内活动时予以针对性解决与提升。

四、幼小衔接与未来综合学习能力铺垫

幼小衔接是指幼儿教育与小学教育的衔接。

很多父母把幼小衔接视为默认选项，让孩子将本应在小学阶段接触的识字、写字、数学等课程进行提前学习，于是就有了所谓的"幼儿园小学化"。

诚然，孩子在入学前积累了大量的知识，或许可以轻松应对小学学习，但不得不承认也有不少孩子因为会得太多，反而不认真听讲，养成很多不良的学习习惯，到了二三年级成绩开始下滑，越学越吃力。而此时，孩子已经错过了的专心专注的最佳铺垫期，学习状态很难再跟上去，甚至会进入低效的无限循环。

很多家长和办学机构都误解了幼小衔接。真正的幼小衔接应该培养孩子的自信、自主自理能力，进行良好的思维铺垫，引导他们建立阅读、学习的兴趣，为良好素养和习惯的塑造增砖添瓦。目前，教育部门对幼小衔接阶段没有出台统一的纲要标准，自我成长教育主张孩子在幼小衔接阶段还是要重视综合素质的培养，如培养良好的自信、学习兴趣（喜学爱学）、学习态度（专注、认真）、学习方法（自主学习）、阅读习惯、条理思维等，知识的积累（数字概念、简单识字等）则应作为补充，而非主体。

做好自我成长教育，孩子一般在婴幼儿阶段就能铺垫良好的自信、自主自理、思维、阅读等综合学习能力。

1. 自信与自主自理能力铺垫

自信与独立自主是孩子进入小学阶段必须具备的基本能力。

具有良好自信与自主自理能力的孩子，才可能培养出良好的综合学习能力。

孩子的自信与自主自理能力必须从0岁起开始铺垫，不可能通过短期的幼小衔接达到强化效果，更不可能在小学阶段从零习得。

2. 阅读兴趣与学习兴趣

阅读是学习的基础。虽然一般孩子的识字量不大，但通过1岁起的认识图片、绘本阅读、故事讲读、诗词阅读等，他们通常都能产生浓厚的兴趣。孩子好奇心爆棚，其实是具有急切的求知欲的，并期盼着进入小学能够进行自主阅读。在自我成长教育的良好铺垫下，孩子在进入小学前一般都会拥有浓厚的阅读兴趣。

通过幼儿阶段的故事讲读，孩子对阅读、思考、学习一般都能产生浓厚的兴趣，对校内学习都会产生强烈的渴望。

3. 专心专注与严谨认真态度

专心专注与严谨认真是良好的学习态度。兼具专心专注和严谨认真的孩子，一般都会拥有不错的学习成绩与表现。

专心专注与严谨认真都是在孩子安全感、自信与放手自主的基础上逐步铺垫起来的。

专心专注与严谨认真必须从0岁起就进行铺垫，不可能通过短期的幼小衔接达到强化效果，亦不可能在小学阶段从零习得。

4. 良好的条理思维

良好的条理思维是学习能力的重要组成部分，甚至是学习能力之核心。

条理思维是在孩子安全感、自信与放手自主的基础上逐步铺垫起来的，可以在日常生活和游戏玩乐中逐步培养。

孩子的条理思维必须从半岁起开始铺垫，不可能通过短期的幼小衔接达到强化效果，亦不可能在小学阶段从零习得。

5. 初级知识铺垫

初级知识铺垫包括认识数字、简单运算、简单识字与诗词、日常知识等，即狭义上的幼小衔接知识铺垫。

很明显，初级知识铺垫只是整个学习能力的一小部分，前文阐述的自信与自主自理能力、阅读与学习兴趣、专心专注与严谨认真态度、条理思维铺垫等，比早期初级知识铺垫要重要得多。

初级知识铺垫一般可以从 1 岁起的父母共读、孩子自主阅读、故事讲述等活动中获取。

拥有良好自信与自主自理能力、阅读与学习兴趣、专心专注与严谨认真态度、学习思维铺垫的孩子，初级知识铺垫一般都很充足，即使临时补充也是易如反掌的事。

鉴于目前太多孩子在幼儿园阶段已做过拼音、识字、数学、英语等方面的铺垫，很多小学在一年级前期的课程进度都很快。因此，自我成长教育主张在原来阅读铺垫的基础上，适当对孩子进行相关基础知识的铺垫，便于其进入小学后保持良好的自信，掌握更多学习方法。

6. 自主学习

自主学习就是孩子不因逼迫而学习，主动学习，喜爱学习。

自主学习的前提是良好的阅读与学习兴趣，再以专心专注与严谨认真为加持，学习效率可以得到有效提升。

自主学习不是短期幼小衔接班能够引导培养的。

五、早教与兴趣特长

自我成长教育主张家庭教育是最好的早教。孩子一般不必特意参加早教班，除非涉及技能、兴趣、特长的辅导班，如声乐班、体能班等。

1. 素质素养早教班

如果孩子缺乏足够的良好素养，抚养人又没有引导时间、精力的情况下，可考虑参加相关素养的强化班，通过游戏活动等方式对孩子进行素养、习惯的纠偏。

父母可通过共同参与游戏的方式对孩子进行素养、习惯的纠偏，这是自我成长教育主张的教养对策。

2. 兴趣特长早教班

包括艺术类、美术类、文学类、国学类、棋牌类、体能技巧类等。由于该类早教班具有较强的专业性，孩子可以和同龄的伙伴结伴参加，效果更佳。兴趣特长的早教往往能强化孩子的自信。

3. 思维早教班

该类早教班一般通过物品分类、形体动作训练、数学计算、思路拓展等游戏活动来达到提升思维的目的。

家长可以选择孩子在思维敏感期参加该类早教班。

4. 兴趣班的开启时间

婴幼儿参与兴趣班的适宜时间：

3 岁：第二语言班、国学早教、思维早教；

4 岁：棋类班、绘画班（7 岁后可参加更专业的培训班）、思维早教等；

5 岁：音乐班、游泳班、武术班、思维早教等；

6 岁：篮球班、钢琴班等。

第八章
婴幼儿阶段特殊家庭自我成长教育

　　不同家庭有不同的情况，根据不同家庭的特点，成长教育也有不同的侧重：如忙碌型家庭要注重做好 0 岁成长铺垫、有效陪伴与隔代教育；隔代人作为主要抚养人的家庭要注重做好 0 岁成长铺垫、教育理念统一；留守儿童家庭要注重做好 0 岁成长铺垫与代亲教育（或称"隔代教育"）；单亲家庭要做好孩子的心理建设与自信强化；独生子女家庭要注重做好溺爱的规避；多子女家庭要格外避免爱的不均衡（尤其注意对家中老大的不公问题）；残疾儿童家庭应注重做好特殊技能的培养与自信铺垫；富裕家庭要注重做好无规则与无责任的预防；贫穷家庭应做好 0 岁成长铺垫与自信的强化。

根据每个家庭的特殊性采取不同的教育手段，是达到最好的自我成长教育效果的有力保障。

一、忙碌型家庭的成长教育

忙碌型家庭是当下的主流家庭，其特点是父母工作繁忙，陪伴照顾孩子的时间、精力有限，有的父母单方或双方经常出差，孩子近乎成为留守儿童，成长问题频发。

1. 忙碌型家庭成长教育常见问题

忙碌型家庭面对的成长教育问题主要是父母因忙碌无暇考虑有关教养的理念与方法，把主要的抚养教导工作转交给老人，认为在成长早期保障孩子的身体健康就可以了。由于缺乏 0 岁成长教育理念，没有对应的 0 岁成长教育措施，未能用心做好安全感敏感期、自信敏感期的安全感与自信的铺垫、强化，没能注重素养习惯的良好熏陶和引导，孩子到了一两岁陆续出现各种成长问题时，才发现孩子的成长已被耽搁、被降格，甚至被伤害毁损。

忙碌型家庭成长教育问题主要表现在以下方面：

因忙碌放弃母乳喂养，可能导致免疫力、营养、亲情、安全感、自信方面的不足；

因忙碌容易缺少陪伴与爱，可能导致安全感、自信、亲情铺垫以及各种素养、习惯的不足；

因忙碌过早地将孩子交给老人或保姆，且与之关于育儿的理念沟通不足，导致孩子被过分溺爱、放任，或因管束不当而出现教养缺失；

因忙碌过多使用电视、手机等电子产品陪伴孩子，导致孩子换上电视瘾、手机瘾等；

因忙碌无暇引导孩子的思维，孩子容易受到电视节目、手机游戏等的不良影响，易错过思维敏感期的发展；

因忙碌没时间与孩子沟通，导致亲情关系、交际能力、语言发展提升等受到负面影响；

因忙碌没时间进行亲子阅读，可能致使孩子的阅读兴趣铺垫不足；

因忙碌而耐心不足，容易批评甚至打骂孩子，由此给孩子造成心理阴影，对自信与安全感造成进一步的伤害；

因忙碌未注重0岁成长铺垫，错失了孩子的安全感敏感期、自信敏感期等，导致孩子综合素养不佳，成长问题丛生。

2. 忙碌型家庭的自我成长教育策略

忙碌的父母务必提前了解育儿与成长教育的核心，用尽量少的时间有效把握孩子成长的关键点，尽可能从0岁起就帮孩子铺垫好足够的安全感与自信，逐步放手让孩子形成自主意识，锻炼自主能力。

忙碌型家庭的自我成长教育对策如下：

尽可能为孩子铺垫良好的安全感与自信，建立良好的成长基础。

从0岁起做好爱与依恋、素养习惯、清淡口味等方面的良好铺垫。

尽量母乳喂养，强化亲子关系。

母亲带孩子时间尽量长些，具备条件的话，母亲坚持养育到孩子3岁。

即使需要上班，母亲也尽量坚持母乳喂养到1岁。

1~3岁尽量父母单方陪伴孩子。

尽可能做好各种素养的"首三次"引导，如爱心、善良、礼貌、尊重、勇敢等。

如果父母实在顾不过来需要请人代亲抚养，应尽量优先选择隔辈亲人（祖父母或外祖父母），其次考虑其他亲人帮忙抚养，再次才是育儿嫂、保姆等。

代亲抚养人要具有抚育经验，且尽量与孩子父母住一起。

即使时间紧张仍以父母抚养为主，尽量不要将孩子送离父母寄养别处。

代亲抚养人尽量在孩子出生时就介入，便于强化与孩子的感情，能更好地了解孩子，也便于与孩子父母磨合养育理念。

父母若须白天上班，尽量保证晚上能带孩子。

每天坚持亲子阅读（哪怕每天十分钟），若父母不在，代亲抚养人也要坚持。

3 岁起，即使工作再忙，父母也要定期和孩子交心，分享各自的小秘密或开心的事情，从潜意识上引导孩子感受到幸福和成就感，对孩子遇到的委屈和不快，家长应帮助化解，保持彼此畅快的沟通。

所有家庭成员务必统一教育理念，定期召开的家庭会议彼此沟通教育理念与心得。

即使忙碌，也要每天抽出一定的时间陪伴孩子，每周或每月可以安排固定的亲子出游，约定陪伴会让孩子有所期待，对增进亲子感情大有裨益。

与孩子在一起时，要细心观察孩子的一言一行，对其存在的不良习气和习惯进行潜移默化的引导，做到及时纠偏。

孩子 3 岁起可列席家庭会议发表自己的意见，便于家长更全面地了解其身心健康的情况，做好教育理念与方法的沟通与统一，尽可能调动孩子的自我成长积极性。

帮助孩子构建良好的朋友圈，让有益的朋友陪伴、引导孩子。

对孩子的努力给予关注，对其做得好的予以肯定，做得不好的予以帮助；少否定，少批评，杜绝打骂。

再忙碌的父母也应至少陪伴孩子至 1 岁，可能的话，尽量陪伴到 3 岁上幼儿园为好。

二、隔代教育

隔代教育是一种颇被诟病的家庭教育模式。很多年轻父母在孩子教育出了问题时喜欢把责任推给某个时段的隔代教育，好像孩子变成今天的样子完全是老人的失败。诚然，祖辈人代为教养势必出现各种不合时宜，但父母作为孩子的首席监护人有着不可推卸的责任，原本就应该在代亲抚养人介入前统一教育理念，避免后期发生分歧。不可否认的是，有很多祖辈人带大的孩子照样身心健康，甚至比一些父母亲自精心呵护教育出来的孩子更优秀。

其实，相较于父母在百忙中抽空带孩子而照顾不周，隔代教育不失为一种良好的替代方式。老人拥有更丰富的教养经验，爱心、细心、专心一点也不比亲生父母少，如果能提前通过家庭会议统一育儿理念和基本的教养方式方法，隔代教育还是非常适应中国目前的国情的。放眼当下，中国大多数的家庭教育都是在祖辈的协助下进行的，父母教育与隔代教育成为一种互补，相得益彰。

1. 隔代教育的优缺点

隔代教育固然存在不足，可一旦做得好，一点不逊父母教育。

隔代教育的优点

利于年轻父母集中时间和精力拼事业；

老人具有丰富的养育经验、爱心、细心，更利于孩子身心的健康成长（特别是身体成长）；

孩子得到更多的陪伴；

有利于晚辈与老人情感的培养。

隔代教育的缺点

老人容易宠溺孩子、喜欢大包大揽、无原则地袒护孩子，形成孩子中心化。由此会产生一系列成长问题，如过于依赖、任性骄纵、唯我独尊、好吃懒做，或是胆小懦弱、惧怕挑战、缺乏自信等。

老人很难为孩子建立健康的饮食习惯，很有可能为了让孩子多吃而加重食物的口味，或是追着喂饭、用零食满足等，让孩子养成重口味、喜零食等不良饮食习惯，容易把孩子养成小胖墩而沾沾自喜，不利于孩子的健康成长。

老人体力、精力与认知均有限，难以引导孩子正确地娱乐，喜欢用电视、手机等电子产品陪伴孩子，导致孩子患上电视瘾、手机瘾等。

老人的认知具有局限性，很容易错过孩子的思维敏感期，难以及时为孩子铺垫良好的思维习惯。

碍于年龄、辈分以及很多其他因素，孩子难以与老人建立良好有效的沟通，久而久之孩子的心结得不到纾解，很可能造成心理问题。

老人精力有限，对事物的观察不够敏锐，对孩子出现的成长问题很难做到及时发现、引导或纠偏。

2. 隔代教育的策略

孩子出生起就要尽可能地为其铺垫良好的安全感与自信。

父母再忙也尽可能做好或参与0岁成长铺垫。

即使采取隔代教育（或其他代亲教育），父母都应是孩子教育的第一责任人，务必事先和代亲抚育人做好教育理念的统一。

老人尽量0岁起就介入养育事务，便于与孩子建立感情基础。

隔代教养尽量在孩子父母家里展开，父母应尽量参与，切不可将孩子寄养在外。

父母应尽量参与0~3岁（尤其0~1岁）的成长铺垫，便于与孩子构建良好亲子关系。

父母须和老人做好教育理念与方法的统一，即教育理念应由父母主导，并经常和代亲抚养人进行沟通、探讨，在孩子面前保持态度的一致。

定期举行家庭会议，父母可及时了解孩子的情况，发现隔代抚育过程中存在的问题，做好理念与方法的统一，制定良好的成长对策。

恳请老人务必做到不宠溺孩子，放手让孩子从事力所能及的事务，杜绝孩子中心化。

鉴于工作繁忙，可以恳请老人白天带孩子，晚上则由父母亲自带，尽量做好每晚的睡前故事、睡前沟通等落实；若父母确实精力有限，睡前故事可用音频素材代替，如父母提前录音等。

父母应在周末或固定时间替换老人照顾孩子，方便老人休息，也便于增进与孩子情感，了解孩子成长的情况以及及时发现潜在的成长问题。

若父母确实时间、精力有限，则尽量固定时间段来陪伴孩子。

父母应做好尊老敬老的表率，教导孩子要感激、敬重老人。

三、留守儿童的自我成长教育

留守儿童指外出务工连续3个月以上的农民托留在户籍所在地（家乡），由父、母单方或其他亲属监护、接受义务教育的适龄儿童（少年）。

留守儿童难以得到良好的关爱、引导、帮助，易导致安全感和自信缺失，亲情构建、素养习惯等方面存在问题，给孩子的成长带来伤害。有时，这种伤害是巨大的。

除非迫不得已，为人父母者应尽量把孩子带在身边抚养，避免孩子成为留守儿童。

1. 留守儿童容易存在的成长问题

因父母长期不在身边，孩子的安全感和自信会出现缺失。

由于父母熏陶引导不足，孩子的素养、习惯难以得到良好铺垫，或已有素养、习惯难以提升，成长规则容易遭到破坏。

孩子可能因缺乏父母的有效监管，难以形成较好的自律性，甚至产生消极的情绪。

孩子很可能因父母不在身边而遭到歧视，甚至受欺凌。

由于代亲教育存在的种种弊病，孩子很可能因溺爱骄纵而缺乏约束、规则感，为所欲为。

父母的长期缺席很易导致亲子关系变得淡漠，出现难以弥补的裂痕。

2. 留守儿童的自我成长教育策略

父母从孩子出生起要尽可能为其铺垫良好的安全感与自信。

父母双方尽可能留一人陪伴孩子身边，或带孩子一起外出务工，这样对孩子的成长更有益处。

父母要尽量做好 0 岁成长与 0~3 岁的素养、习惯的铺垫，在孩子 0~3 岁期间尽可能留在孩子身边。

父母如必须双双外出务工，务必选择最适合孩子的代亲抚育人，该抚育人尽可能在孩子出生后就介入养育事务，便于培养与孩子的感情。

无论天涯咫尺，父母都是养育孩子的第一责任人，必须做好孩子教育的系统化与理念统一化。

让孩子知道父母外出务工的积极意义（如为国家建设高楼大厦、为城市做美化等），尽量让孩子以此为荣。

父母要与代亲抚养人做好育儿理念的沟通与统一，确保抚养人可以将之妥善落实。

父母定期举行家庭会议，听取孩子的成长汇报，营造父母与代亲抚养人共同关注孩子成长的氛围与仪式感。

父母要努力实现远程关爱，如利用视频连线和孩子保持沟通等。频繁良好的沟通有助于强化亲子关系。通过视频，父母可以引导孩子对代亲抚养人表示尊重与感激，随时掌握孩子的成长情况，对孩子的优秀表现予以表扬、鼓励，避免批评训斥，每次回家尽量以奖励、鼓励名义给孩子带回礼物。

父母可以约定时间探望孩子，让孩子心中有盼，保持对父母的那份牵挂。父母二人可一起回来探望，或错开时间回来分别陪伴，让孩子能够有更多机会感受到家庭团聚的幸福。尽量确保陪伴是有效的，父母应放下工作和手机，专注地和孩子一起开心玩耍或做他们喜欢的事情。无论是何种形式的探望应尽量形成规律性。

父母外出前应尽量为孩子构建稳定良好的朋友圈。

对孩子做得好的予以肯定、表扬，做得不足的地方可以多加引导，尽量少批评，避免训斥，杜绝打骂。

四、单亲家庭的自我成长教育

单亲家庭，又称"单亲"，一般人直觉认为是指离异家庭，但随着家庭、社会结构的不断多元化，很多因素都可能造成单亲，如配偶死亡等。由于单亲家庭的成因不同，及个人本身所拥有的内外在的资源有异，面对单亲的感受及调适也有所不同。单亲家庭面临的成长问题更为复杂，处理不好很可能使孩子受到沉重打击，需要引起重视。

1. 单亲家庭孩子容易存在的问题

安全感、自信、依赖感或可因单亲而遭受打击；

孩子很可能由于单亲而受歧视，甚至受欺负。

单亲家庭的孩子获得的陪伴时间较少。

单亲易导致家庭经济条件变差，从而影响孩子的成长。

2. 单亲家庭孩子的自我成长教育策略

单亲家庭最好的教育对策重在用父母一方亲情的强化或代亲抚养人的关爱等方式弥补另一方的亲情缺失，引导孩子直面现实并逐步坦然接受。

通过强化安全感和自信来强大孩子的内心。

兴趣爱好与特长能力来丰富孩子的精神世界。

单亲父母应尽量多地陪伴孩子，给予孩子更多的幸福感。

强化与孩子的沟通，尽量做好每日或隔日交心倾谈。

重建家庭前，单亲父母应提前为孩子做好心理建设，给其足够的时间能够正视并能接纳。

在孩子尚不能接受单亲的现实前，尽量避免新情感、新配偶的出现，以免引起孩子的反感。

重建家庭的磨合期内，原单亲父母应尽可能提升新配偶在孩子心目中的地位，争取得到孩子的尊重、认可，便于后续亲子关系的建立。

尽可能帮孩子建立良好的朋友圈，以弥补孩子在情感方面的缺失。

无论单亲与否，都要保持对孩子进行成长原则的引导，要求应该是一致的。

对于孩子的心理问题重在引导、纾解，避免批评，杜绝打骂。

五、独生子女与多孩家庭的自我成长教育

1. 独生子女家庭的自我成长教育之要点

避免溺爱、骄纵和孩子中心化是独生子女家庭教育的核心。

0 岁起为孩子铺垫良好的基础素养。

避免对孩子的过度保护与大包大揽，放手让孩子自主，培养并强化自理自立的意识与勤劳吃苦的能力。

由于没有兄弟姐妹，朋友圈对独生子女的影响巨大。父母要帮孩子构建良好的朋友圈，尽量让孩子融入优秀的朋友圈，但要避免孩子因与朋友的差距过大而导致产生心理压力与自卑感。

2. 多孩家庭自我成长教育之要点

随着近年生育政策的放开，多孩家庭逐渐增多，也派生了不同于独生子女教育的新理念和新方法。

多孩家庭的教育要点主要在于平衡多孩之间的关系，与情感的分配，尤其要避免重男轻女的现象。

多孩家庭的父母多以为要更关注小宝，事实上受到冲击最大的是大宝。小宝出生前，大宝集独宠于一身，小宝的降生让大宝所得的爱与陪伴明显减少，很容易引发大宝失望，甚至怨恨小宝（同性别的孩子这种失落与怨恨可能更明显）。而对于小宝而言，因没有比较，只要在懂事后逐步感觉自己得到的爱并不比大宝少，就不会感到受到伤害。

多孩家庭自我成长教育的对策如下：

家长务必在再度怀孕前就为大宝做好必要的心理建设，让大宝接受、期待小宝的到来。如果大宝知道妈妈已经怀孕，往往更容易产生抵触情绪，引导的铺垫工作就很难展开，或者达不到理想效果。

在做好小宝 0 岁成长铺垫的基础上，要保持对大宝的关注，避免因小宝的到来让大宝感觉被冷落而受伤。

帮助大宝树立"兄长""家姐"的自我荣誉感，引导大宝构建对小宝的责任感、关爱等。

在保持对大宝同等关爱的基础上，引导大宝照顾小宝，便于培养彼此的手足之情。

在小宝大些后，放手让孩子们互帮互助，共同发展。

由于年龄差异，大宝一般会拥有更多责任感，二宝则会提供更多协作，因而可以适当强化小宝的责任感，强化大宝的协作性。

打造彼此尊重、平等相待的家风，营造和谐互助的家庭氛围。

对多孩家庭来说，排行中间的孩子易有"多余"之感，可参照以上要点对其进行必要的引导和疏导。

六、残疾儿童的自我成长教育

残疾儿童是很不幸的，家长除了要积极治疗，也要提供更多的关爱，注重其自信与生活能力的培养。

1. 把残疾劣势转化为特殊成长优势

对于先天性残疾儿童，在争取治愈、避免不良发展的前提下，应做好扎实的素养、习惯铺垫，培养其自身条件的兴趣，最好能发展为特长，通过长期的磨砺把特长升级为成长优势，打造具有独特能力的独特人生。如盲童的音乐潜力开发、无腿工艺美术大师等就是特殊的成长、成才、成功案例。

培养自信、独特技能以及生活能力是残疾儿童自我成长教育的核心。

2. 残疾儿童自我成长教育策略

很多残疾在婴幼儿时期若得到及时干预往往能达到较好的治疗效果，甚至有治愈的可能。

给予残疾儿童一视同仁的关爱，让他们感觉自己和别的孩子并无二致，便于健康心态的形成。

0岁起铺垫良好的安全感和自信，用更多的关爱引导残疾儿童建立自信。

根据孩子的实际情况，引导其发展合适的兴趣，如音乐、绘画等，用美和艺术陶冶孩子的情操，丰富内心，并铺垫可能的技能基础。

婴幼儿时期是各种能力发展的最佳期，应尽早引导其特殊能力（如盲童在听觉、触觉等方面具有的潜能）的发展。在可能的情况下，请专业人员进行专业指导，在孩子的成长敏感期、兴趣敏感期为其铺就特殊能力。

良好的朋友圈对残疾儿童的成长具有促进作用，父母家长应尽可能帮助孩子构建友好健康的朋友圈。

七、富裕家庭教育

1. 富裕家庭孩子容易存在的成长问题与成长优势

❧ 富裕家庭孩子容易存在的成长问题 ❧

富裕家庭的孩子无疑具有很多成长优势，但优越的家境也容易滋生诸多成长问题，包括溺爱、纵容，导致孩子为所欲为，过度依赖，自律、自理能力差，不思进取等方面的不足。

❧ 富裕家庭孩子的成长优势 ❧

富裕家庭的孩子在自信等素养、习惯方面相对会获得良好的发展，此为主要的成长优势。此外，因经济条件好，孩子更易获得知识与技能方面的良好铺垫，兴趣特长能够得到更广泛、更专业的发展，成长基础良好。

2. 相关策略要点

针对富裕家庭孩子易存在的成长问题，提供相关策略如下：

0岁起避免孩子过度依赖，不要抱睡，提供适度的呵护与爱。

尽可能母乳喂养。

父母家长应做好尊敬他人的良好表率。

杜绝溺爱，避免孩子中心化。

放手让孩子自主吮手、吃饭、做力所能及的事情，铺垫良好的动手能力。

帮助孩子建立自主意识，争取自己的事情自己做，树立责任感，强调吃苦精神。

熏陶并引导孩子形成良好的性格脾气，杜绝暴躁，避免任性。

在强化自信的同时，规避孩子形成自大的意识，做好抗打击能力的铺垫。

发挥家境的优势，强化孩子素养、习惯的铺垫，强化并提升阅读能力，给孩子更好的拓展眼界的机会，做足艺术方面的素养铺垫等。

八、贫困家庭教育

1. 贫困家庭孩子容易存在的成长不足与成长优势

贫困家庭孩子成长条件相对较差，却也因此能形成"早当家"的担当意识，拥有较强的独立自主性，更易习得勇敢坚强、遵规守诺、自强自尊、积极上进、责任担当、勤劳吃苦、恒心毅力等良好素养，使逆境反而成为成长优势。

贫困家庭孩子容易存在的成长问题

贫困家庭的孩子的安全感较差，自信不足，容易自卑，主动热情、乐观等方面的表现相对较差；受家庭环境与父母不良习惯的影响，孩子易沾染不良习惯；由于家庭条件相对不佳，家长在教育方面的投入也会不足，孩子的眼界亦相对狭小。

贫困家庭孩子具有的成长优势

事物都有两面性。贫困家庭有限的经济条件也有可能帮助孩子实现逆袭，而形成成长优势。

鉴于从小耳濡目染家长的艰辛，贫困家庭的孩子一般都具有吃苦精神，拥有较强的毅力与意志。由于很早就开始帮家里做事，这样的孩子具有更强的动手能力，更易自食其力、脚踏实地。由于处于相对弱势，更容易懂得礼貌待人与尊重他人。受到父母的朴素影响，孩子的心境亦相对淳朴，更易铺垫自主独立、自强上进、责任担当等良好素养。

2. 相关策略要点

针对贫困家庭孩子易存在的成长问题，提供相关对策如下：

贫困家庭的父母一般会亲自抚养孩子，要尽可能从 0 岁起铺垫孩子的安全感与自信，提供足够的亲情与适度依赖，塑造良好的素养、习惯，铺垫扎实的成长基础。

父母尽可能为孩子做好各方面的表率，规避杜绝不良习气（如打牌、酗酒等），强化孩子良好的素养的养成。

尽可能做好 1~4 岁的故事讲读，培养孩子的阅读兴趣，强化成长规则与价值观引导。

放手让孩子自主吮手、吃饭、做力所能及的事情，铺垫良好的动手能力。

在放手让孩子自主的基础上，引导孩子养成做家务的习惯，强化吃苦耐劳精神。

熏陶并引导孩子形成良好的性格脾气，杜绝暴躁，避免自卑。

用优秀的素养与过硬的成绩强化孩子的自信，做好抗打击的心理建设。

培养孩子良好的阅读兴趣，引导孩子形成自我阅读习惯。

父母家长要注意自身素养与良好性格的修炼，不因生活压力迁怒于孩子，不要通过打骂而泄愤，避免因不当的惩罚方式导致孩子消极、叛逆、仇视社会。

尽可能把孩子带在身边，保证有效的陪伴。

给孩子提供最基本的教育条件，在做好素养铺垫的基础上，适度引导孩子自主发展。

由于孩子的后续引导教育难度增大，教育成本增高，贫困家庭的父母应尽可能做好婴幼儿阶段的自我成长教育铺垫，用最低的成本实现最佳的效果，为孩子后续阶段的良好成长夯实基础，也为孩子凭借自己的努力改写命运提供最大的可能性。

后　记

　　通过 6 年的含辛茹苦，你家孩子成长得如何？是开朗聪慧、乐观上进，还是胆小畏缩、迟钝懒散？

　　出生时差异并不大的孩子，如今是否已经出现了明显的成长差异？

　　回首 6 年育儿路，我们或许会很明显地发现以下现象：

　　出生 3 天后，具有良好安全感的孩子目光清澈有神；而安全感受到伤害的孩子，有些则神态萎靡、目光游离。

　　成长至 1 月龄之际，有的孩子笑得灿烂，喜欢主动地与父母进行咿咿呀呀的交流且声音响亮，这是最早的自信表现；而不自信的孩子则很少笑或笑得不够放开，与父母的语音交流亦不够主动，声音弱弱的。

　　1 岁的时候，孩子虽然依然懵懂，却已表现出成长的差异。有的落落大方，不怯于与陌生人交往，目光炯炯有神，观察事物专注用心，与人交流声音响亮，安全感和自信等内在素养表现良好；而有的则胆小怯懦、目光呆滞，对一般事物都缺乏专注度，说话声音怯怯的明显底气不足。

　　3 岁的时候，成长的差异愈发明显。优秀的孩子思维灵活、自主自立、敢于竞争、底气十足，各方面的素养、习惯均得到良好发展并初步成型；有的孩子则思维迟滞、表现怯懦、喜欢哭闹、过分依赖，各方面的素养、习惯出现缺失的苗头。

　　6 岁的时候，小大人的雏形初现，有的孩子开始表现出伶牙俐齿、聪明勇敢、落落大方、关爱他人等种种优秀素养与能力，像个优秀的小绅士或小淑女，逐步进入成长优性循环；反之，有些孩子在安全感、自信、自主自立、顽强毅力等素养发展方面问题丛生，逐步陷入不良成长循环（甚至恶性成长循环）。

这些成长差异从何时开始？

如果能够从头来过，为人父母的你会优化改进哪些养育措施？

优秀的家长注重做好孩子0岁起的安全感与自信铺垫，注重做好孩子亲子关系的铺垫，注重做好其他素养习惯的熏陶引导铺垫，从孩子最初的自由吮手做好孩子的放手自主，从放手自主、故事讲述等方面入手铺垫孩子的自主思维，通过故事讲述与绘本阅读铺垫良好阅读兴趣，通过熏陶引导、关注奖罚、故事强化等方式铺垫良好的成长规则，在兴趣敏感期放手孩子的兴趣爱好与特长的铺垫，通过自尊维护、归属感追求、兴趣特长、理想梦想、关注奖罚等方面的引导塑造孩子良好的成长动力——通过这些自我成长的良好铺垫你会惊喜地发现，自家并无明显的基因遗传优势，亦并未花费太多精力参加各类培训班，但按照自我成长教育理念培养出来的孩子，同样拥有良好的自信、卓越的智商与强大的内心——而这些，正是您帮孩子自0岁起构建自我成长优性循环的结果。

而对于没有做好这些准备工作的父母，可能正在为孩子的自信不足、注意力难集中、好动难以静心、摆脱不了零食和电子产品上瘾等问题而苦闷，并为纠偏孩子的各种恶习而殚精竭虑。

父母勇于反思、极力纠偏，虽可能难以令孩子达到处于优性循环状态下的卓越表现，却仍有积极的意义，毕竟亡羊补牢未为晚已。而对于那些从不自省，认定棍棒教育的父母，几乎难以培养出卓越的孩子，在缺乏安全感和自信的情况下，孩子无法实现各种良好素养与习惯的习得，成长问题必将愈发严重。

6岁后，小学生活即将开启，孩子即将独自面对来自外界的各种竞争与挑战。对于那些已经进入成长优性循环的孩子来说，小学生活将为他们打开一幅崭新的别开生面的画面；而对于那些迷失在不良（甚至恶性）成长循环中的孩子来说，面对全新且陌生的校园环境，他们很可能感到手足无措、茫然无助，进而引发更多成长问题的滋生。

虽然，孩子在婴幼儿阶段素养、习惯已经初步养成，但在小学阶段（特别是低年级阶段）仍具有很大的可塑性。在即将开启青春逆反的中学阶段之前，父母仍有机会做好自我成长教育，对孩子的不良素养、习惯进行纠偏，进一步做好成长规则的引导和强化，帮助孩子蓄积足够的成长动力，打造人生的整体成长优性循环。

在婴幼儿阶段良好素养习惯基础上继续强化父母的以身作则，继续放手强化孩子的自主成长，进一步强化孩子的成长动力铺垫，对孩子的成长不足进行及时纠偏，在此基础上进一步塑造孩子的成长优性循环，进行孩子小学阶段的牛娃强化塑造！